纺织服装高等教育"十一五"部委级

服装表演组织实务

FUZHUANG BIAOYAN ZUZHI SHIWU

周晓鸣 主编

东华大学出版社

图书在版编目(CIP)数据

服装表演组织实务/周晓鸣主编.—上海:东华大学
出版社,2010.12
ISBN 978-7-81111-804-9

Ⅰ.①服… Ⅱ.①周… Ⅲ.①服装—模特儿—表演
艺术—组织 Ⅳ.①TS942

中国版本图书馆 CIP 数据核字(2010)第 222615 号

责任编辑:马文娟
封面设计:李 博

服装表演组织实务

周晓鸣 主编
东华大学出版社出版
上海市延安西路 1882 号
邮政编码:200051 电话:(021)62193056
新华书店上海发行所发行 苏州望电印刷有限公司印刷
开本:787×1092 1/16 印张:9.25 字数:240 千字
2010 年 12 月第 1 版 2010 年 12 月第 1 次印刷
印数:0 001~4 000 册
ISBN 978-7-81111-804-9/TS・235
定价:29.00 元

前　言

在服装市场日益繁荣缤纷的现代社会,人们对于以服装表演的形式传达时尚流行、传递商品信息、引导消费已不足为奇。每年,我国北京、上海、大连以及其他一些城市所举办的时装周、时装节吸引了众多专业与非专业人士观赏精彩纷呈的服装表演,它为人们的生活增添了诸多色彩。不仅如此,服装表演作为一门新兴的专业,早已在全国各大服装院校设立,旨在利用高等教育的资源与优势培养优秀的服装表演模特人才;培养能够组织一场令人激动、富有戏剧性且有趣有价值的服装表演策划人才;研究服装表演的艺术特性等。因此,本系列教材从组织策划一场服装表演的整体出发,把人们熟知的服装表演分成服装表演组织和表演设计两大模块,全面系统地阐述了服装表演的组织方案、特点与规律;阐述了演出设计的各个组成要素及其灵感的攫取。让服装表演的爱好者和初学者在对服装表演有充分了解的基础上,能够实际操作服装表演的各个环节,完成服装表演演出。

本套教材的策划构思和撰写,主要基于编者二十多年来服装表演组织策划实践经验的积累与总结,其中《服装表演组织实务》一书围绕服装表演的主题有条不紊地阐述表演组织的各个环节及其与演出设计的关系,更融入了表演会务操作的实践经验,细节要素描述清晰,实用性强。《服装表演演出设计》则以较多的国际知名品牌时装发布会的演出案例分析阐述演出设计的各个要素构思,并以此实现主题表现,对艺术创作激发灵感有一定的启发。

本套教材之《服装表演组织实务》由周晓鸣策划、主编与统稿,杨旭东、王心等参与编写。

为使本套教材内容尽可能翔实和丰富,在编写过程中参考引用了不少图书、刊物和图片资料,谨在此向有关出版社以及编著者深表敬意和谢忱。由于时间仓促,编写者水平有限,书中难免有不足和错误之处,欢迎批评指正,以使本教材更加完善。主编联系邮箱:bieshu84@hotmail.com。

编者于上海

2010.10

目　录

第一章 ‖ 服装表演组织概述

第一节 概　述

在服装行业及企业内,服装表演已经逐渐演变为一种媒介:一种能在短时间内集中传播大量信息,并获得公众广泛认可的营销宣传模式,这就意味着越来越多的人会突然发现自己需要担负起组织服装表演的重任。

要想成功组织一场服装表演绝非易事。服装表演是一项有目的、有计划、有步骤地组织众多人员参与的服装专业活动,包括演出、会务、宣传、开销等,所有的工作都要考虑周全。更重要的是,组织者需要调动工作团队中的各路人马,这些人员很多时候是临时召集的,使他们愉快、高效率地参与服装表演活动,成功互动。

一、服装表演的三个工作阶段

任何一项活动的成功组织,都离不开事前策划,过程控制和事后总结三个阶段,举办一场服装表演同样如此。举办服装表演一方面需要耗费大量财力、人力与物力,另一方面,成功的服装表演会能获得广泛的社会传播效应。因此,无论出于对成本的考虑,还是从其市场价值、或艺术价值出发,举办服装表演都需要制订严密周全的计划——操作机会只有一次,成功与失败的机会也只有一次。

1. 策划阶段

如图1-1所示,服装表演的策划可以分整体策划和操作方案制订两个步骤进行。内容涵盖了演出策划和会务方案,以及不可忽略的资金预算。

首先是对服装表演进行整体策划,主要进行"是否有必要举办服装表演"、"举办服装表演的目的意义何在"等问题的论证。策划要对举办服装表演进行目标调查和可行性研究。研究范围包括举办服装表演的必要性,财力能否适应,能否使效益最大化等等。通常来说,服装表演的整体构思更注重其创意、商业价值与社会效应。

在策划获得认可的前提下,方可开展下一步工作,即针对策划方案制定相应的可以操作执行的实施计划方案,并对细化了的计划方案进行论证和决策。这一阶段的工作主要解决"如何举办服装表演"这一实际问题,围绕演出、会务两大服装表演的主要内容,制定执行方案,同时对费用进行预算。其中,演出设计主要从服装表演的艺术表现手法着手;会务方案主要规划演出具体规模,提出邀请、接待观众的具体措施;从服装表演预期需达到的社会影响力方面着手制定宣传方案,提出对外发布广告、信息的途径、获得赞助的方略以及媒体邀请、接待的规模和措施。

2. 执行阶段

由于参与服装表演执行的工作人员并不一定能了解服装表演的策划意图,因此,在执行阶段,首要工作是对工作人员进行方案培训。

其次,执行者须根据策划方案及时制定服装表演各部门的工作计划、落实负责人与工作人员,执行演出设计、隶属于演出辅助工作的服装管理、模特管理、后台管理、舞台灯光音响管理工作,以及隶属于会务工作的会务组织和宣传组织,具体如图1-1所示。在执行过程中,每一个部门都需要确定专门的负责人,由负责人根据策划方案要求全面掌控部门的工作计划、工作进度、工作质量、工作协调并进行财务管理。同时,部门负责人必须服从服装表演策划总负责人或称演出总指挥,与其保持联络畅通,才能完成执行阶段的任务。

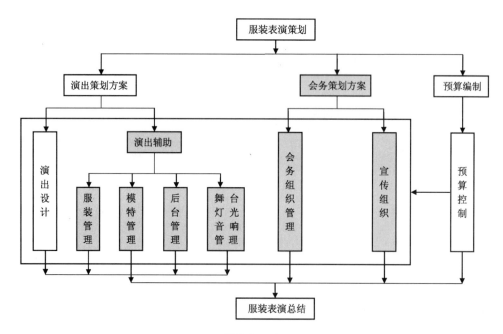

图1-1 服装表演的组织流程

3. 总结阶段

(1)服装表演的效果总结

服装表演的效果总结主要以观众、媒体对服装表演的评价为依据。评价者的身份不同,其评价角度、评价内容的专业性和价值也会有较大差异。由于普通观众是服装商品的潜在顾客,其观点往往更能反映市场价值,故商业性演出更重视普通观众的评价。文化娱乐性演出则更重视业内观众、社会大众及新闻媒体的综合评价。

(2)服装表演组织工作的总结

服装表演组织工作的总结是对服装表演整体工作的自我总结与评价。包括:

① 总结服装与表演之间的关系:表演是否忠实地为服装服务、服装是否真实体现了表演

主题;② 总结用于服装表演的各种艺术手段是否合理:包括模特化妆造型是否增加时尚感和表现力、音乐灯光多媒体的现场氛围营造是否得当等;③ 总结服装表演的进程是否有序,有无重大失误,遭遇突发情况时是否获得及时处理等;④ 对所有参与服装表演的工作人员给予工作评价。

二、服装表演组织的含义

1. 服装表演组织

服装表演组织是指在特定环境中为了有效地实现服装表演这一共同目标和任务,确定组织成员、任务及各项活动之间的关系,对资源进行合理配置的过程。

为了方便初学者理解,在本教材中服装表演组织特指服装表演的演出组织,包括服装表演执行阶段中服装表演演出的辅助工作、会务全部工作及其具体实施计划的规划与执行,具体组织执行内容可参见图 1-1 中阴影部分所示。

2. 服装表演组织与服装表演演出设计之间的关系

服装表演组织与服装表演演出设计是成功举办服装表演的两个不可分割的重要组成部分。服装表演组织与服装表演演出设计的目标一致。演出设计是服装表演的创意所在,是服装或演出主题实现的具体表现,是对服装表演艺术价值的一种追求。服装表演组织是服装表演演出设计实现的具体保证,是从管理的角度界定了服装表演执行阶段各部门基本工作的内容、工作要求,规划合理的工作流程,确定人员的职权与从属关系,保障具体工作的落实与执行,其中包括演出设计所涉及的服装、模特、后台、舞台音响灯光等工作的落实与执行。

概括地说,服装表演组织以组织和管理工作为重点;演出设计则以艺术创作为重点。服装表演组织围绕演出设计展开工作,演出设计则依赖服装表演组织使梦想成为现实。

第二节　服装表演组织的组织结构

组织是指一种人们为达到共同目标而组成的社会机构。组织内各成员扮演不同角色,完成不同的任务。一个组织对其成员所抱有的希望,并不单纯表现为简单地完成一个工作,而是包括其行为的各方面。一个完整的组织必须拥有结构、权力责任、工作任务、团队合作精神等因素。

一、组织系统的基本要素

组织系统是一个由各个单位、部门、岗位或者成员组成的有功能的体系。一些学者认为,组织的构成要素是由组织目标、组织环境、组织资源、组织成员等构成。如果从组织功能的角度进行了总结,要构成一个组织,应该具备以下要素:

1. 共同的目标

共同的目标是组织存在的根本原因,如果共同的目标不复存在,组织也失去了存在的必要。只有具备共同的目标，才能统一指挥、统一行动、统一意志。共同目标应既能适应组织环境的要求，又能被各个组织成员接受。有效的组织应该有效消除个体目标与组织目标的背离，或者有效引导个体目标服从于组织共同目标。

2. 人员和职责

为了实现组织的目标，就应该建立组织机构，并对机构中的全体人员指定职位、明确职责。每个组织都需要推选有能力的成员担任领导，同时，组织中的每个成员都应安排在最能发挥其作用的岗位上。

3. 协调关系

协调关系就是指把组织成员中愿意互相合作，为实现共同目标做出贡献的意志进行统一，这种"意志"称为协作意愿。没有协作意愿就无法将个人的活动统一，也无法使个人的努力持久下去。组织的一个重要功能就是建立和维系单位、成员之间的协作意愿。

4. 信息的交流

信息是将组织目标与个人目标联系起来，是将单位与成员的协作要求、意愿联系起来的重要工具和必要途径。如果缺乏信息交流，组织通常会陷于盲动。

信息交流包含信息沟通渠道的建设，创造必要的组织活动环境和条件以及组织力量的整合和协调等。具体来讲，一是要构建健康向上的组织文化，创造良好的组织氛围，培养组织成员的团队协作精神，增强组织的凝聚力。二是做好组织力量的整合，使组织的各种资源和各个组成部分协调有效地组成统一整体，发挥整体的系统功能。三是建设良好的信息沟通渠道，保证组织内外的信息通畅，使组织与环境保持协调发展。

二、服装表演组织结构设计

服装表演组织结构设计就是根据服装表演的规律建立组织关系，并根据需要对组织进行重新组合。其主要工作是按照管理的目标，把参与服装表演的人、事、物组织起来，合理地设置部门，确定各个职能部门的作用，建立管理体制，规定各级权力机构的责任（规定各部门的职权和职责），建立一个统一有效的管理系统。

服装表演组织结构绝不是个一成不变的构架。设计服装表演的组织结构时，必须考虑一些主要问题：组织内部如何进行分工，怎样分配工作，如何挑选工作人员，如何实现必要的协调以保证目标实现等等。服装表演的组织结构通常可采用以下方法设计：

1. 目标设置

目标设置是服装表演组织中最重要的阶段，服装表演的目标由服装表演策划者提出，经讨论后由主办方批准。策划目标是一个暂时的可以改变的目标预案。

2. 部门设置

在服装表演执行之前，要将服装表演这一形式的活动按职能分解成不同部门或岗位，确定任务分配与责任归属。

（1）进行组织结构设计和职责分工

服装表演的策划获得批准后，需要及时组成服装表演的工作团队，配备合适的人员担任部门的主要负责者，保证服装表演组织工作的正常进行。

参与一场服装表演的工作人员可能来自各行各业。如果一个服装企业要举办服装表演，通常可以从企业内部按照职能部门的特点选调工作人员，确定负责人，如表1-1所示。这种安排的优点是充分发挥服装企业不同部门的专业优势,便于参与服装表演的工作人员与原部门之间的协作,集中优势解决问题,确保资源共享与交流畅通;缺点是由于工作人员来自企业的不同部门,组织及人员复杂,成员不容易固定,通常属短期行为。当然,随着服装表演专业化的发展趋势,在表演市场上,专业的演出公司也随之逐步建立,组织工作人员将更加专业、稳定,并且相互之间的联系沟通密切,有效地保障了组织工作的执行。

表 1-1　服装表演工作人员的来源建议

部门 ＼ 管理人员的来源		设计部门	制作部门	采购部门	营销部门	行政部门	公关部门	会计部门	外聘
策划组织管理人员	总策划				√				
	演出管理								√
	服装管理	√	√		√				
	模特管理			√					
	后台管理	√	√						
	舞台灯光音响管理			√					
	演出会务组织					√			
	演出宣传组织						√		
	财务管理							√	

(2)确立各部门的具体目标

确立各部门的具体目标,目的是使各部门明确服装表演的策划目的以及该部门所需承担的工作与任务。在部门目标确立的过程中,要认真倾听各部门意见,给予应有的支持。部门目标要具体量化,便于考核;要分清轻重缓急,以免顾此失彼;既要有挑战性,又要有实现可能性。部门成员的工作安排与部门目标及策划目标要协调一致。

服装表演的部门设置与主要工作的界定如表 1-2 所示。

表 1-2　服装表演部门设置与主要工作

部　门		主　要　工　作
演出设计	演出设计人员	制作服装秀,主题服装的选择与排序设计; 负责服装秀的表演编排设计,排练与演出; 负责服装秀的舞美、音响、灯光及多媒体设计; 演出化妆造型设计; 监督演出部门的分工过程与分工执行情况; 处理执行过程中所发生的细节与突发情况; 把握工作进度,协调部门工作。

（续 表）

部 门		主 要 工 作
演出辅助	服装管理	负责备齐展示服饰，租借购买配件、配饰，负责展示商品的记录、运送与归还； 负责整理服饰，对每一套服装的整体搭配作记录； 排定服装出场顺序； 协助演出过程中模特的换装。
	模特管理	备齐可供挑选的模特； 建立模特档案和数据； 协助模特试衣、排练与演出过程； 负责模特的联络、费用结算与评估工作。
	后台管理	后台分区安排； 后台服饰工具管理； 后台工作人员协调管理； 各项杂务管理； 解决突发事件。
	舞台灯光音响管理	负责舞台、灯光、音响搭建、拆除和运输； 与演出部门合作，进行配乐、配光，负责现场音乐、音效、灯光、照明与多媒体； 确保舞台、伸展台、灯光、音响、多媒体设备的安全使用。
会务	会务组织	会场分区、安排； 普通观众和领导、嘉宾的邀请、接待； 沙龙、招待会、仪式的组织。
	宣传组织	负责广告与信息发布，寻求赞助； 媒体邀请与接待； 设计制作节目单等各种宣传资料； 准备新闻统稿。
财务部门		成本预算； 预算控制。

表1-2将服装表演中相同性质的工作合并在一起，以此为据，进行服装表演的部门设置与主要工作安排。这种方法的优点是能充分发挥各部门的专业优势，缺点是各部门之间的协调工作相对困难，各部门易产生"隧道视野"，组织者需要在工作协调上花费较大的精力。

3. 职权和职责

在服装表演组织过程中，于部门目标制定之后，授予相关人员相应的资源配置权，慎重考虑集权、分权与授权，实现权、责、利的统一。

所谓集权，是指决策权集中在较高管理层。集权的优点为权力统一、管理高效。其缺点为不能依靠基层的实践经验，决策质量较低、成员热情较低。

所谓分权是指决策权在较低管理层中分散。分权的实现主要利用授权实现。

授权是指上级将部分权力授予下属，使下属拥有相当的自主权和行动权，上级监督下级完成任务，下级及时向上级汇报工作进度与工作质量。其优点是将上级从日常事务中解脱，同时调动下级热情，培养下级才能，发挥其专长，弥补上级的不足。授权不同于分权，上级可随时收回给予下级的权力。

在服装表演的组织过程中，对于各部门的具体职权与职责，较多采用授权形式，具体如图1-2所示。

授权的基本原则为:① 因事设人,视能力授权;② 明确责任,授权不等于授责。下级承担次要工作责任,上级承担主要工作责任与最终责任;③ 不越权授权,适度授权;④ 上级要行使监控权:既不能失控,又不能事事干预。

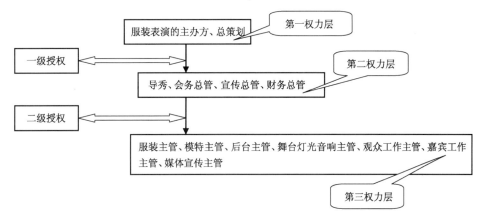

图 1-2　服装表演中的职权示意

4. 工作协调

作为一个有目的、有计划、有步骤地组织众多人参与的社会协调行动,服装表演组织过程中的沟通与协调工作尤其重要,必须做到省时、有效以及主动沟通。

服装表演协调工作的主要内容:

(1) 协调同一部门各工作人员之间的工作

同一部门各工作人员之间的协调可以从以下三方面着手:第一,要重视倾听部门成员的意见;第二,决策时注意询问部门成员意见,不要靠权威来解决问题,尽可能根据事实状况来决定对策;第三,要注意迅速处理部门成员的不满。

(2) 协调不同部门之间的工作

服装表演各部门应了解其他部门的工作概况,并主动配合他人工作。

在服装表演组织过程中,部门与部门之间的工作相互渗透与包含,需要工作人员时时做好协调工作。根据表 1-2 服装表演部门设置情况,可将各部门之间的关系绘制成六边形图,如图 1-3(a)所示。图 1-3(a)中箭头表示两个不同部门之间存在工作联系,需要密切配合,及时做好协调关系。

如图 1-3(b)所示,由于演出时服装与模特的所有准备工作通常都在后台完成,因此,由服装、模特、后台三个部门构成了服装表演的整个后台区域,其工作存在必然联系,不能孤立。会务、宣传、舞台灯光音响三个部门则需在演出现

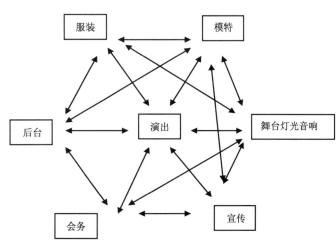

图 1-3(a)　服装表演各部门之间的工作联系图 1

场就嘉宾领导介绍、致辞,讲话,各种仪式(如颁奖仪式等)以及酒会、沙龙等接待工作等方面加强音乐、灯光、话筒等工作的协调落实,密切配合。

如图1-3(c)所示,服装、模特、舞台灯光音响三个部门构成了服装表演的整个前台区域,上述部门需要就排练、演出的所有事宜进行沟通,尤其在工作节点的配合上必须保证同步,不能出半点差错。后台、会务、宣传三个部门则构成了一个完整的场地,在场地合理设计与安排、场地基本设施包括供电、供水、空调、照明等方面、通道与消防安全以及设备的搭建、拆除及运输方面,必须通力合作,共享资源,统一安排,避免浪费。

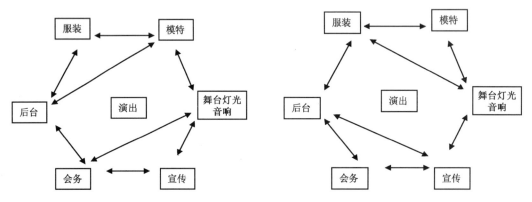

图1-3(b)　服装表演各部门之间的工作联系图2　　　图1-3(c)　服装表演各部门之间的工作联系图3

(3)协调不同服装表演项目与主办者之间的关系

在极为复杂的社会环境里,服装表演项目要依赖主办者,充分借用其所代表企业、行业及社会团体的各种资源。

第三节　服装表演组织的目标管理

在服装表演实施过程中常常会遇到以下一些情况:由于工作缺乏预见和计划,工作人员在一切情况正常的状态下悠闲自得,一旦事件发生则忙成一团,状况频发。另一种情况是负责服装表演的领导者过于官僚,认为权力集中控制才能使力量集中、便于统一指挥、提高工作效率,以致完全不尊重服装表演组织工作的客观规律,漠视工作人员的丰富经验,造成表演经费预算严重不足,组织工作不按照规律实行,工作人员怨声载道。

为避免上述情况产生,在服装表演各部门执行具体工作时,部门成员应当确立共同的工作目标,在与服装表演策划目的相吻合的基础上,运用目标管理的方法,鼓励成员完成工作。

一、目标管理的定义

目标管理是指一种程序或过程,由组织中的上级和下级一起协商,根据组织的使命确定一定时期内组织的总目标,由此决定上、下级的责任和分目标,并把这些目标作为组织经营、评估和奖励每个单位和个人贡献的标准。

管理者通过目标对下级进行管理,当最高层管理者确定了总目标后,必须对其进行有效分解,转变成各个部门以及个人的分目标,管理者根据分目标的完成情况对下级进行考核、评价和奖惩。

二、目标管理在服装表演组织中的应用

1. 服装表演进行目标管理的前提

① 管理者必须知道什么是目标管理,为什么要实行目标管理。如果管理者本身不能很好地理解和掌握目标管理的原理,那么,其也不能实施组织目标管理。

② 管理者必须知道服装表演策划的目的是什么,以及各部门工作怎样适应这些目标。如果目标含糊不清、不现实、不协调、不一致,那么即使管理者希望达成服装表演的策划目的,实际上也是不可能实现的。

③ 目标管理所设置的目标必须是正确的、合理的。正确是指目标的设定应符合服装表演的策划要求。合理是指设置目标的标准应当符合服装表演的客观规律,并根据工作人员的实际经验和能力制定,避免片面强调工作成果给工作人员带来压力,要使工作人员始终具有正常的"紧张"和"费力"程度。

④ 所设目标无论在数量或质量方面都具备可考核性,这是目标管理成功的关键。如"至少提供 50 名符合演出要求的职业模特供演出部门面试选择"。工作目标明确模特数量不得少于 50 名,同时提出对模特的质量要求——必须是职业模特,其身高、形象、比例以及业务能力必须符合演出要求。值得重视的是,如果目标管理不可考核,就无法对管理工作或工作效果进行评价。

2. 服装表演实现目标管理的方法

目标管理重视结果,强调自主、自治和自觉,并不等于管理者可以放手不管。服装表演部门工作之间相互联系,一环失误,就会牵动全局。因此各部门在目标实施过程中,管理者不可或缺地会应用到以下一些有效管理手段:

① 定期检查。利用双方经常接触的机会和信息反馈渠道自然地进行工作检查。

② 及时召开各部门的协调会议,通报各部门的工作进度,便于互相协调。

③ 帮助各部门解决工作中出现的困难问题,当出现意外时,及时修改、调整原定目标。

④ 强调工作时间性,对每一项工作都有明确的时间期限要求。

⑤ 要求工作人员必须承担为自己设置的个人目标的责任并具有同其主管一起检查这些目标实施情况的责任。

⑥ 及时总结与评估。阶段工作完成后,工作人员首先进行自我评估,然后与部门主管一起检查目标完成情况;同时讨论下一阶段目标,开始新循环。如果目标没有完成,应分析原因总结教训,切忌相互指责,以保持相互信任的气氛。

思考题:

1. 阐述服装表演表演设计与表演组织的不同之处?
2. 服装表演组织过程中,服装管理部门与舞台灯光音响管理部门应如何展开协调工作?
3. 服装表演组织过程中,后台管理部门与舞台灯光音响管理部门应如何展开协调工作?

第二章 ||| 服装表演组织方案撰写

第一节　基本概念

一、服装表演策划

美国哈佛工商管理学院观点认为：策划是一种程序，在本质上是一种运用脑力的理性行为，通常都事关未来。亦即策划是针对未来要发生的事情而做出当前的决策。

按照上述理论，服装表演策划就是针对将要举办的服装表演这一既定目标而进行的全面构思准备，包括策划演出设计与演出组织策划。一般情况下策划者根据主办方提出的举办服装表演的建议、目的和意义，对服装表演进行初步的设想与构思。在基本构思获得认可后，策划者将通过进一步的详细调研，对服装表演的演出与会务进行方案设计，分析和评价方案的损益和风险情况，最终形成策划方案提交主办方决策。所以，服装表演策划的主要任务是根据目标主题构思演出总体方案，并做出决策。（演出设计策划内容在《服装表演演出设计》一书中阐述，此书中略。）

二、服装表演组织

在确定举办服装表演的情况下，对如何实践表演要进行演出设计与演出组织两方面内容的具体规划。本教材中演出组织主要是指服装表演演出的辅助工作、会务工作以及具体实施计划的规划与执行。因此，服装表演组织是指在服装表演总策划的指导下，对即将开展的服装表演活动的组织进行执行方案的设计，并对实施的结果进行预测。

服装表演组织要求针对整个服装表演的时间、成本、质量、资源、人员等编制组织模式和实施计划，包括多个专项计划，如服装管理、模特管理、后台管理、会务安排等，以及一个总体计划。总体计划与演出设计计划一起形成了服装表演的整体方案。

专项计划是服装表演各具体工作部门对本部门工作的计划安排，根据各部门自我目标与特点制定。总体计划是对服装表演总体工作的计划安排。总体计划由多个专项计划组成，跨越多个部门，需要多方合作才能完成。可以说，总体计划是所有专项计划的集成。专项计划和总体计划都为实现服装表演这一共同目标而服务，都经过严密的资金预算，界定严格的执行时间。

三、服装表演策划与服装表演组织的关系

服装表演策划是为实现服装表演这一目标而进行的全面的、宏观的构思策划,重点在"谋";服装表演组织是对服装表演方案进行细化并制定实施计划,重点在"划",两者的目标相同,概念不同。服装表演策划在前,服装表演组织在后。

1. 表演策划是表演组织的实施依据

服装表演策划为服装表演活动提供了指南,服装表演组织为服装表演活动提供切实可行的实施计划。两者的根本不同在于:在服装表演策划过程中,创意只是提出一种思路和想法,还需要转化为具体的服装表演组织方案。这一过程是从抽象到具体的过程,从感性到理性的过程。

2. 表演组织是表演策划的产物

服装表演组织是指根据被审定的服装表演策划要求,对策划的事实作具体详细的计划与安排。服装表演组织通常是由一系列相互连贯的专项计划组合而成。所有的专项计划紧紧围绕服装表演策划的目的、宗旨、主题而展开,是服装表演策划的产物与具体表现。

第二节　格式与撰写方法

服装表演组织方案是服装表演策划思想与方案的具体详实的表达形式,也是服装表演策划的具象成果。服装表演组织方案撰写的规范性有助于组织实施人员最大限度地认识策划者的意图和策划内容,在充分理解的基础上有效执行方案,使策划效果尽可能得以实现。

一、内容

1. 服装表演策划书

（1）主要内容

服装表演策划书通常应涵盖以下方面的内容:

① 服装表演会主题;

② 服装表演会活动背景、品牌、公司或设计师简介;

③ 活动目的、活动目标对象;

④ 演出形式、日期、地点;

⑤ 广告宣传策略;

⑥ 实施计划;

⑦ 经费预算。

（2）实施计划书

服装表演策划书内容中的实施计划书是指服装表演组织方案的主体内容和工作内容,应该包括:

① 人员组织与管理,包括服装管理、模特管理、后台管理等;

② 各个环节进展实施的时间节点安排；

③ 宣传资料准备及传播途径；

④ 会务安排(观众组织、票务、邀请函、席位席卡、礼仪接待、摄影摄像、车辆安排、茶点餐饮、安全保障等)；

⑤ 预算细目。

2. 服装表演组织方案书的内容

由于服装表演的种类、形式繁多，所以，根据服装表演组织的某些共同要素，一般认为规范的服装表演组织方案书，应涵盖以下内容：

(1) 目的

主要内容：本部门的工作目的。

这部分内容主要解决服装表演组织"是什么"的问题。要求对服装表演组织的目标、宗旨树立明确观点，对服装表演组织要点和特征进行提要式的说明，作为执行本组织方案的动力或强调其执行意义所在，从而要求全员统一思想，协调行动，共同努力保证高质量地完成服装表演。

(2) 工作内容

主要内容：本部门的工作内容。

这部分内容主要解决服装表演组织"做什么"的问题。要求对服装表演策划中与本部门有关的内容进行分解，细化所有的工作，对具体工作内容下定义解释，标明工作范围，并根据工作的先后顺序编制序号，最后列出清单。

(3) 人员组织

主要内容：创建一个工作组织模式，指定部门负责人、工作人员以及分包商。

这部分内容主要解决服装表演组织"由谁做"的问题。具体包括：

① 团队目标。整个团队必须以"目标为导向"建立，目标明确且实际可行，具体组织工作必须以达成团队目标而进行。

② 架构模式。通常采用层层负责的方式——每个部门负责人领导一群工作人员，本身则又须向上级负责。具体职位的设计围绕服装表演所要达成的结果进行，然后再找寻适当的人选负责执行。由于组织架构是团队能否完成目标的主要因素，因而对人员的任命，尤其是负责人的选定必须理性、慎重。

③ 权力。通常采用分权制使团队产生最大效益——负责人的部分工作和职权，可以授给下属，但负责人仍须对整个部门的成败负责。

④ 外包商与临时外聘人员。除了正式的工作人员，在团队中不可避免存在外包商或临时外聘人员。因此，在具体的人员组织方案中，应当具体阐述外包商和临时外聘人员问题，包括外包和外聘人员的招募方式，其对团队的影响，与他人的职权关系以及对其的制约监督方式等等。

(4) 工作进度计划

主要内容：标明工作活动的时间安排。

这部分内容主要解决服装表演组织"何时开始，以什么顺序做，需要多长时间，何时结束"的问题。服装表演的主要特点之一是有严格的时间期限要求。安排进度计划的目的是为了控制时间和节约时间。具体推算工作进度时，一般从服装表演举办当天向上倒退，即先确定表演当天的工作，然后确定距离表演一周前的工作，最后确定距离表演一个月前的工作。

本部分内容在界定工作时间方面主要包括：

① 限定部门的工作时间。假设某宣传部门接到工作任务时,距离服装表演仅30天,那么该部门的工作时间可以设定为40天。服装表演前29天用于筹备工作,服装表演当天用于现场工作,而服装表演后10天则用于后续工作。

② 估算部门中单项工作完成所需要的时间。

③ 设计工作衔接,尤其关注不能同步实施,必须前后进行的工作衔接。比如,彩排的开始时间受限于舞台搭建的完成时间,安排工作进度计划时,为了便于上述两项工作的衔接,要充分估算舞台搭建完成的最晚时间以及彩排能够开始的最早时间。又如,演出当天化妆的时间安排,必须根据具体的演出时间,推算化妆开始的最晚时间,以及化妆必须结束的最迟时间,以保障演出的顺利进行。

(5) 预算

主要内容:细化部门的预算,列举具体工作内容中的各项开支。

这部分内容主要解决服装表演组织"将会花费多少"的问题。本部分内容要求估算部门在工作推进过程中的费用投入,包括总费用预算、阶段费用预算、各工作具体开支预算等,其原则是以较少投入获得最优效果。具体费用预算方法参见第八章。

(6) 难点预测及部门协调

主要内容:对工作中的重点以及难点进行分析预测,标明多个部门合作的工作。

此部分内容主要解决服装表演组织"可能存在什么阻碍以及和谁合作"的问题。由于在策划执行中随时可能出现与现实情况不符的地方,因此策划必须随时根据执行反馈进行调整。本部分内容要求对本部门提出可能出现的问题,以及解决这些问题的预案措施。由于服装表演的某些组织工作往往牵涉多个部门,因此在本部分的内容中,同时标明需要部门之间协调处理的工作以及工作方法,以促进部门间的友好合作。

注意:难点预测及部门协调内容是策划的补充部分。

二、格式

服装表演组织方案书没有一成不变的格式。依据服装表演活动的不同要求,服装表演组织策划的格式与内容也有相应变化。服装产品不同,表演目标不同,所侧重的各项内容在撰写上也可有详略取舍。

通常策划方案书的格式一般为:封面、内容摘要(或内容提要、内容简介)、目录、正文和附件。

1. 封面格式

① 策划方案书署名——策划方案书名称;

② 策划者——姓名或组织机构名称;

③ 被策划者单位的名称;

④ 写作时间——年、月、日;

⑤ 编号。

2. 内容摘要

一般放在封面之后第一页,它是策划方案书内容精华的浓缩,文字表达要精炼,不宜太长。

3. 目录

非必需项,篇幅较长的策划方案书则要求添加。目录反映策划方案书的内在结构、逻辑体系和策划者的思路,不宜太细,一般有 2～3 节标题即可。

4. 正文

包括前言、策划书的主体内容、细化内容。

① 前言是策划书的大纲,主要阐述写作背景、宗旨,策划的目的意义、必要性、可行性,前言要突出主题思想,文字清晰明了。

② 主体内容是策划书的核心部分,应该对策划的全过程进行细致而有条不紊地阐述,包括进行策划的意义、策划的目的、目标;有利和不利因素、自身条件、环境条件;采取的具体方法与步骤。

③ 细化内容主要涉及经费预算、日程安排、演出工作流程,有关人员的组织领导和工作安排,方案实施的地点场所,对方案实施后的结局与效果预测等。

5. 附件

主要包括附加说明、注意事项、参考资料文献以及分项策划方案书。

三、撰写方法

为了提高服装表演组织方案撰写的准确性与科学性,应把握以下几个主要的特点。

1. 需逻辑严密

撰写服装表演组织策划的目的在于解决服装表演中的实际问题。服装表演组织策划要按照逻辑性思维进行构思,慎重考虑内容以及内容的前后顺序。

撰写服装表演组织策划一般按照下列逻辑进行:首先,交代策划的目的和主要工作任务;其次,对具体策划内容进行详细阐述;最后,明确提出可能存在的问题,以及解决问题的对策。

2. 具可操作性

撰写服装表演组织策划要注意突出重点,牢牢抓住需要解决的核心问题,深入分析,提出有针对性的、实际可行的、具有操作指导意义的相应策略。

服装表演组织策划指导服装表演的组织工作,其指导性涉及服装表演活动中每个人的工作以及各环节关系的处理,故此可操作性非常重要。无法操作的方案即使文采再好也没有价值。服装表演组织策划如果不易于操作,必然会导致人、财、物的大量耗费,使管理复杂化、工作效率低下。所以,服装表演组织策划是否具备可操作性,将直接影响服装表演执行的成功与否。

3. 宜简洁朴实

策划人员在策划过程中不可避免会应用个人经验。这种经验也会不自觉地表现在策划书的写作形式上,所以每个人的策划书都会有自己的模式。这种模式往往会限制策划者的思维,影响他人对策划书的理解。撰写服装表演组织策划应该注意写作风格,以简洁朴实为佳,便于阅读者最大限度地理解策划者意图,充分了解策划内容,有效执行。

4. 忌主观言论

主观臆断的策划不可能获得成功。在服装表演组织策划的写作过程中,应该避免主观想法,严忌出现主观观点。尤其是对于工作进度的安排,要合理估算每一项工作需要完成的时间,如果有条件可事先进行调研,或者多方面听取行家的意见,避免想当然。由于策划案没有付诸实施,任何结果都可能出现,策划者的主观臆断将直接导致组织实施人员对工作内容和工作方式产生模糊分析,不利于执行。

第三节　组织方案书的图表应用

　　在服装表演组织方案书的写作过程中,一般使用文字描述方案的内容。除此,具体写作的过程中,还可以应用图表来说明问题。相比较文字而言,图表在策划书中具有显而易见的优势:表达简明、直观,包含信息量大但阅读量小,可操作性强利于执行,能综合反映工作进度和态势,且形式上令人耳目一新。

一、小型组织方案的图表应用

　　对于小型服装表演组织方案以及大型服装表演组织方案的项目计划,策划人员在撰写时,经常会利用 WORD、EXCEL 编制表格,进一步描述方案内容。由 WORD、EXCEL 编制的表格,是方案写作中最为简单,也是最常用的图表。利用 WORD、EXCEL 编制的表格形式简单,内容几乎涵盖策划的方方面面,易于阅读、理解,有较好的应用效果。

　　本书试以 2009 年某服装表演的媒体宣传策划为例。

　　1. 2009 年某服装表演的媒体宣传策划方案(文字篇)

　　(1) 主题:2009 年;某服装表演;媒体宣传策划

　　(2) 目的

　　根据 2009 年某服装表演的策划内容,对本次服装表演的媒体宣传工作进行组织策划。通过策划,落实本次服装表演的媒体宣传工作,保障 2009 年某服装表演媒体宣传任务的顺利完成。

　　(3) 主要工作

　　① 选择(70 家)并确定(50 家)媒体的邀请名单;

　　② 设计、制作请柬(60 份),寄送请柬(50 份);

　　③ 撰写新闻通稿;

　　④ 确认媒体的出席名单(确保 15 家);

　　⑤ 负责时装表演当天的媒体接待工作;

　　⑥ 跟踪媒体报道,收集资料并存档。

　　(4) 工作人员及职责

　　总负责:

　　C:全面负责本部门工作以及与其他部门的沟通协调。

　　要求对媒体的最终邀请名单、新闻稿以及媒体的接待工作把关。

　　工作人员:

　　A:主要负责媒体的联络、接待工作。

　　B:主要负责请柬、新闻稿和存档工作,协助负责媒体接待工作。

　　(5) 工作进度安排

　　• 7 月 1 日~7 月 8 日　　　　收集媒体联系方式(70 家)

　　• 7 月 9 日　　　　　　　　　确定邀请媒体名单(50 家)

- 7月1日～7月9日　　　请柬设计、制作（60份）
- 7月10日～7月15日　　请柬寄送（50份）
- 7月16日～7月17日　　确认出席媒体（15家）
　　　　　　　　　　　　撰写、确认新闻通稿
- 7月18日　　　　　　　现场接待
- 7月19日～7月30日　　资料收集

（6）预算

预算总额：10 000元，包括：

请柬：1 000元，含：

　　　　请柬设计、制作（也可以购买）50份×8元/份＝400元

　　　　请柬寄送600元。（一般采用挂号信邮寄，应急可选用快递方式。）

现场接待：7 500元

资料收集与归档：500元

应急费用：1 000元（按预算总金额的10％计算）。

（7）协调工作

① 请企业公关部门协助媒体工作，希望公关部门提供部分媒体资源，并帮助邀请与企业关系良好的媒体；

② 要求负责新闻稿撰写的工作人员参加7月15～17日期间的服装表演排练和彩排活动，稿件中关于服装和演出具体细节的描述，可以请负责演出的部门协助；

③ 接待工作请会务部门协助，包括：签到、席位安排、摄影位以及摄像机位安排等；

④ 资料归档工作请档案部门协助。

2. 2009年某服装表演的媒体宣传策划（表格篇）

如表2-1所示，上述关于2009年某服装表演的媒体宣传策划的主要内容，可以编制简单的WORD表格说明，该表格几乎涵盖了策划的所有内容。

表2-1　2009年某服装表演媒体宣传策划　　　　　　　　负责人：C

工作		负责人	开始时间完成时间	费用（元）	备注
序号	内容及说明				
1	收集媒体联系方式	A	7月1日～7月8日		请公关部门协助，收集70家，确定50家
2	确定邀请媒体名单	A、C	7月9日		
3	请柬设计、制作	B	7月1日～7月9日	400	50份
4	请柬寄送	A、B	7月10日～7月15日	600	50份
5	确认出席媒体	A	7月16日～7月17日		确保15家
6	撰写确认新闻通稿	B、C	7月16日～7月17日		请负责演出部门协助
7	现场接待	A、B、C	7月18日	7 500	请会务部门协助
8	资料收集	B	7月19日～7月30日	500	请档案室协助

二、大型表演组织的图表应用

大型服装表演组织策划或者小型服装表演组织的总体计划,由于部门繁多,多项工作同时进行,所以,用 WORD、EXCEL 自行编制表格统计工作复杂,极易造成内容遗漏,即使最终编制成表格,其表格可能长达数页,失去了易于阅读和理解的优势,在应用中造成诸多不便。此时,可以利用一些专用的图标来对具体策划进行描述。

1. 运用甘特图描述工作进度

(1) 甘特图的介绍

甘特图也叫条状图,1917 年由亨利·甘特开发。其横轴表示时间,纵轴表示活动(项目),线条表示在整个期间上计划和实际活动完成情况。它直观地表明任务计划在什么时候进行及实际进展与计划要求的对比。

甘特图优点明显,图形简单、明了、直观,易于编制。目前为止仍然是小型项目中常用的工具。即使在大型工程项目中,它也是高级管理层了解全局、基层安排进度时的有用工具。管理者由此极为便利地查阅一项任务的剩余工作,评估工作提前抑或滞后,是否正常进行。甘特图是一种理想的控制工具。

(2) 在服装表演组织策划中绘制甘特图

以上文 2009 年某服装表演的媒体宣传策划的主要内容为例,甘特图的一般绘制步骤包括以下几个方面(如表 2-2):

① 明确策划牵涉到的各项工作内容。内容包括活动名称(包括顺序)、负责人、开始时间和预计完成所需的工期。创建草图。

② 将所有的工作内容按照工作顺序和开始时间标注到甘特图上。

③ 将有联系的项目相互联系起来。本例中,用灰色标注的工作共有 5 处,分别是工作 1 收集媒体联系方式,工作 2 确定邀请媒体名单,工作 4 请柬寄送,工作 5 确认出席媒体,工作 7 现场接待。上述五项工作相互联系,在时间上环环相扣,代表工作之间存在前后联系,下一工作必须在前一工作完成的基础上才能展开。

④ 计算单项工作任务完成所需的工期,完成标注,本例中采用不同颜色标注工期。

⑤ 确定各工作的执行人员。

表 2-2　2009 年某服装表演媒体宣传甘特图

	工作	负责	日期(2009 年 7 月)					
			1～8	9	10～15	16～17	18	19～30
1	收集媒体联系方式	A	■					
2	确定邀请媒体名单	A、C		■				
3	请柬设计、制作	B	■					
4	请柬寄送	A、B			■			
5	确认出席媒体	A				■		
6	撰写确认新闻通稿	B、C				■		
7	现场接待	A、B、C					■	
8	资料收集	B						■

通过表2-2,可以了解单项工作的开始和终了时间,同时通过表2-2中的工作序号及可用不同色彩标注,可以全面了解各项工作的起止时间、工期、先后顺序以及内在的联系。

对于负责人而言,甘特图是一个很好的检查工作进度的助手。通过图表,负责人对各项工作的进度、当前正在进行的工作一目了然。在表2-2中,负责人C可以了解到,在2009年7月9日、16日、17日,本部门同时有两项工作正在进行。对于工作人员来说,同样可以通过甘特图了解、监督个人的工作任务和进度。在表2-2中,工作人员B可以通过图表查阅自己每一天的工作安排和进度。

当然,由于甘特图设计简单,不能反映大型活动的全部内容,因此,如果是大型的服装表演项目,需要选取其中较为重要的工作,编制工作进度。

2. 利用网络图来表示工作进度

(1)网络图的介绍

网络图是一种图解模型,形状如同网络,故称为网络图。用网络分析的方法编制计划称为网络计划。它是20世纪50年代末发展起来的一种编制大型项目进度计划的有效方法。用网络图编制工作进度,需具备以下条件:

① 项目可以被分为若干子项目;

② 预先编制工作表,确定并指明工作之间的逻辑关系,即确定其先行工作;

③ 正确估算工作的时间节点和工期。

(2)网络图基本图解

在网络图中,具体某项工作可以如图2-1所示。每个工作包含工作描述、工作序号、负责人和工期四项内容。箭头和线条表示工作的流程。事实上,网络图中每项工作对应的图表可由策划者根据需要自行设计、组合,可以设

图2-1　网络图图解(1)

计1至4项内容,对内容也可以自行组合:比如,工作描述、开始时间、负责人、结束时间;或者工作描述、工期、负责人、预算等等。

(3)绘制网络图的基本规则

① 网络图中不能出现循环路线,否则将使组成回路的工作永远不能结束,项目永远不能完工;

② 可以有多条箭头进入一项工作,但相邻两个工作之间只能有一条箭线;

③ 在网络图中不能有缺口,自网络起点起经由任何箭头都可以达到网络终点。否则,将使某些工作失去应有联系;

④ 为表示开始和结束,在网络图中只能有一个始点和一个终点;

⑤ 网络图绘制力求简单明了,线条最好画成水平线或具有一段水平线的折线;尽量避免交叉;尽可能将关键路线布置在中心位置。

(4)网络图在服装表演组织策划中的应用

利用网络图,可以将上文2009年某服装表演的媒体宣传策划绘制成网络图(如图2-2)。从图2-2可以清晰地了解本次宣传策划的关键工作——工作1、2、4、5、7、8位于图表的水平中心位置上,是本次服装表演媒体组织工作的主线工作。

由于本文所用的案例属小型策划,所以从效果看,绘制网络图的复杂程度超过了用WORD、EXCEL编制的表格或甘特图。

网络图对大型时装表演的组织工作提供极大的帮助。服装表演总的网络计划是综合程度

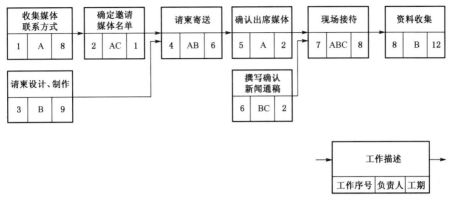

图 2-2 2009 年某服装表演媒体宣传网络图及图解

极高的网络图(可以称之为"母网络")。负责执行的每一个下级部门,都会根据"母网络"的要求,制定本部门程度较低的网络图(可以称之为"子网络")。服装表演组织策划过程中,用多个与图 2-2 类似的部门子网络综合为部门网络,所有部门网络综合成服装表演的母网络。

3. 利用责任分配矩阵描述人员组织模式

(1) 责任分配矩阵的介绍

责任分配矩阵是一种矩阵图,矩阵中的符号表示工作人员在每项具体工作中的参与角色或责任。采用责任矩阵可以确定参与方的责任和利益关系,对团队成员进行分工,明确其角色与职责。通过责任分配矩阵,团队每个成员的角色,以及他们的职责得到直观反映,同时,每个具体的工作任务均落实到团队成员身上,确保工作和人员之间的对应。

责任分配矩阵不仅确定了所有团队成员的角色和职责,同时确定了成员的上下级汇报关系以及部门之间存在的联系和协调工作,促使团队各司其职,充分合作,避免职责不明及推诿现象发生,为项目完成提供了可靠保证。

(2) 责任分配矩阵在服装表演组织策划中的应用

利用网络图,可以将上文 2009 年某服装表演的媒体宣传策划绘制成如图 2-3 所示的 2009 年某服装表演媒体宣传责任分配矩阵。其中,纵向为具体工作,横向为组织成员或部门名称,纵向和横向交叉处表示组织成员或部门在具体工作中的职责。该责任分配矩阵用字母"P"表示主要责任,"S"表示次要责任。

通过表 2-3,可以清楚地了解在 2009 年某服装表演媒体宣传组织工作中的人员组织情况。

表 2-3 2009 年某服装表演媒体宣传责任分配矩阵

工作		A	B	C	公关 D	演出 E	会务 F	档案 G
序号	工作内容描述	A	B	C	公关 D	演出 E	会务 F	档案 G
1	收集媒体联系方式	P		S				
2	确定邀请媒体名单	S		P				
3	请柬设计、制作		P					
4	请柬寄送	P	S		S			
5	确认出席媒体	P						
6	撰写确认新闻通稿		S	P		S		
7	现场接待	S	S	S			S	
8	资料收集		P					S

① 所有工作的人员安排,以及各工作人员在工作中所担负的责任;

② 工作7的重要性。工作7现场接待由1名负责人,3名工作人员共同承担,反映该项工作是本次组织策划的核心工作;

③ 图表直观反映了团队3名成员(A、B、C)的角色和职责,同时对组织工作所涉及部门的工作人员(D、E、F、G)也有明确的责任要求;

④ 每一项工作都存在主要责任者和次要责任者,确立了承担该工作的工作人员的上下级关系。同时,C在责任分配矩阵中,承担三项工作的主要责任者角色,凸显了C在团队中的核心地位。

在服装表演具体组织工作中,部门与部门之间联系频繁,常常需要协调,尤其某些具体工作比如服装出场顺序,涉及到服装、演出、灯光、音响等多个部门。因此,在服装表演组织策划过程中,适当地编制责任分配矩阵,可以促使团队合作,避免职责不明,为表演的顺利完成提供可靠的保证。

三、选择图表的考虑因素

服装表演组织策划如何根据需要选择图表,可以从下列因素考虑:

(1)规模大小

小型服装表演组织策划应采用简单图表,大型项目为保证按期按质达到服装表演目标,可考虑用较复杂图表。

(2)复杂程度

服装表演的规模不一定与其复杂程度成正比,复杂的服装表演组织宜采用复杂图表。

(3)紧急性

如果服装表演急需进行,或者在服装表演开始阶段,需要对各项工作发布指示,原则上不需要编制图表,以便工作尽早开始。可以在实际工作实施过程中编制图表,避免延误时间。

(4)客户的要求

选择形式简明、直观,包含信息量大但阅读量小的图表撰写服装表演组织策划,可以方便客户尤其是对服装表演不甚了解者理解策划内容。

思考题

1. 根据表2-4提供的信息分别绘制甘特图、网络图和分配矩阵图。

表2-4 某大型活动嘉宾邀请工作计划 负责人:B

工作		负责人	开始时间完成时间	备 注
序号	内容及说明			
1	确定嘉宾邀请名单	A	11月1日～11月3日	邀请150名,确保100名
2	购买、制作请柬	A	11月4日～11月5日	

序号	工作内容及说明		负责人	开始时间完成时间	备 注
3	请柬寄送		A	11月6日～11月8日	
4	确认出席嘉宾		A	11月9日～11月18日	
5	确认纪念品		B、C	11月15日～11月18日	
6	准备各类接待用品		A	11月18日～11月20日	
7	购买纪念品		C	11月18日～11月20日	
8	活动现场布置		A、B、C	11月21日	
9	现场接待		A、B、C	11月22日	

2. 草拟一个小型服装订货会的组织方案,简单说明方案设计的理由。

第三章 ||| 服 装 管 理

第一节 服装管理的分析决策

服装表演的组织过程中,服装管理人员并不是表演服装的挑选者、决策者,而是管理服务者。服装管理部门及其下属工作人员应根据服装表演的策划要求,配合导秀、设计师和相关部门,全面提供与服装有关的管理服务工作,做好服装准备、协助试衣、服装运输等前期工作,确保服装和配饰及时到位,没有缺损,并在排练、演出中协助模特和其他部门共同完成演出。

一、服装表演的性质决定表演所需服装

不同性质的服装表演对所需展示的服装有着不同的要求,通常由不同的责任人或部门负责挑选服装。出于服装表演策划和演出设计的需要,在服装的具体挑选过程中,通常服装表演的总策划就服装风格与主办方商讨交流,导秀和搭配师就服装的具体细节与当事人进行沟通,确保选择合适的服装参加最后的展示。

1. 发布会性质的服装表演

如图 3-1 所示,发布会性质的服装表演所需服装要求完整体现对下季流行趋势的预测以及本品牌的主要设计概念,数量不宜过多,通常由设计师决定选择何种服装参加服装表演。对于一些设计复杂,穿衣所需时间较长,影响模特后台抢装速度的服装,只要符合主题,也必须安排在演出中。而一些与表演要求风格、表演编排形式相悖,很难实现服装表演策划构想的服装,服装设计师通常会根据服装表演总策划、导秀、服装搭配师的建议,做出一定的让步,对服装进行调整。

2. 订货会性质的服装表演

订货会性质的服装表演,如图 3-2 所示,需要向订货商展示尽可能多的,本季设计生产的服装样品,包括:相同款式不同颜色的服装、相同材质不同款式的服装等。此类服装表演通常由服装企业的样衣部门和销售部门共同确定表演所需服装。为了实现服装表演在尽量少的时间内传达最大量信息的原则,服装表演的导秀和搭配师通常需要对演出的服装数量进行控制。

图 3-1　利郎 东京中央新城"世纪商泰"时装发布会

图 3-2　某品牌订货会现场

3. 促销性质的服装表演

促销性质的服装表演通常与商场合作(如图 3-3),主要展示当季热卖、主要推荐或者需要折扣处理的服装,服装的可选择范围具有一定的局限性。此类服装表演的服装主要由商家决定,对象包括库存服装、热销中的服装甚至是刚缝制完成的新品。服装表演的服装搭配师需要根据商场给予的演出时间决定服装数量,并对服装进行组合、搭配,使其符合流行趋势,时尚优雅,从而可吸引潜在顾客购买。

图 3-3　国外某百货春夏时装发布会

4. 艺术化的时装表演

艺术性、观赏性强的时装表演如图 3-4 所示,通常由服装表演的主办方、服装表演总策划和导秀共同选择服装,并由搭配师负责服装整体完整度的实现。该种类型的服装表演往往不受服装品牌、款式、数量限制,所需服装主要从服装风格、服装本身所蕴含的服饰文化,流行趋势、舞台艺术效果等方面综合考虑。

图 3-4　伊夫·圣罗兰"酷儿"时装表演系列——戏仿枫丹白露派绘画
《嘉布瑞莉·黛翠丝和她的妹妹》

5. 业余服装表演

业余服装表演如图 3-5 所示,主要由一些服装表演爱好者自发组织。该类型的服装表演,其服装通常由发起者要求,由参加表演的业余模特根据表演风格、个人喜好自由选择。业余服装表演如果聘请导秀,导秀只需根据实际情况进行演出编排,除非发起者或参加表演的业余模特咨询,一般不对服装进行评价。

图 3-5　大华社区时装队的服装表演

二、服装管理的主要工作

服装管理部门需要充分了解服装表演的主办方、策划者对服装表演的期望和演出部门对表演的创意设计,记录并概括其具体要求,确立工作目标,制订工作计划,指导实际工作的执行。主要工作包括服装表演准备阶段、排练阶段和演出阶段的工作。

1. 准备阶段的主要工作

（1）服装准备

根据服装挑选者的具体要求，包括服装类型的要求、各类型服装的外观风格要求，各类型服装的数量要求，以及与各类型服装搭配的当季重要流行配饰的要求等，经过服装选择团队的挑选，由服装管理部门通过租借、购买、寻求赞助以及订做等方式，准备充足数量的服装和饰品，并在整个服装表演过程中，对服装进行随时、必要的整理。

在服装准备工作中，可以设计相应的服装备货单，方便工作（如表3-1）。

表3-1　服装备货单

序号	表演要求	模特数	表演时间（分钟）	备货数（件）	货品描述	货品来源
1	开场系列：职业装	6	3	10	黑色、白色职业套装，白底红色波尔卡圆点丝巾	样衣部
2						
3						
4						
5						
6						
7						

（2）协助试衣

组织本部门的工作人员，参与服装的试衣工作。通过试衣工作掌握服装的正确组合方式、穿着方法、服装与饰品的搭配以及服装与模特的对应关系、服装的演出顺序等。负责制作与服装有关的，在试衣、彩排和表演中需要应用的各类表格：包括模特试衣单（如表3-2），以及服装信息表，如表3-3所示。

表3-2　模特试衣单

模特姓名				位置编号	
服装尺码		鞋　码		袜子尺码	
试衣服装号码	NO.1	NO.13	NO.25	NO.37	NO.48
服装描述					
饰品					
道具或其他					
试衣意见					

表 3-3　服装信息单

服装序号	服装系列		服装描述		试衣模特	模特序号	备注
			文字描述	照片资料			
1	白色系列	白色棉质衬衣	抹胸裙,肋处蝴蝶结装饰		王×	1	
2			左肩折花白衬衣,中裙		陈×	2	
3		白色棉质吊带裙	白色吊带裙		蔡×	3	
4			斜肩多袖装饰		单×	4	
5		白色涤纶珠片系列	白色吊带裙,变化衬衣		化×	5	
6			珍珠白抹胸,长裤		潘×	6	
7			吊带衫,珠片露肩上衣,长裤		孔×	7	
8			单肩及踝珠片长裙		熊×	8	
9							

（3）服装运输

负责将服装安全、及时地运送到演出现场。

2. 排练、演出阶段的主要工作

组织本部门的工作人员参与服装表演的排练和演出,协助模特完成表演。

三、服装管理的分析决策

在开展具体工作之前,服装管理部门还需对部门工作进行分析决策。分析决策必须以服装表演策划和演出表演设计要求为基础,同时受限于具体经费。服装管理的分析决策主要解决三个方面的问题,即"服装来自何处","谁来参加工作"以及"怎样花费比较合理",具体分析如下:

1. 对服装、饰品的来源统筹

用于服装表演的服装、服饰来源包括:

① 通过公司内部设计部、样衣部、陈列室等不同部门,负责销售公司产品的供应商、加盟商、公司所属的专卖店、专卖柜等渠道租借,或向社会租借。

② 根据特殊需要进行设计制作。

③ 通过购买方式获得某些服饰,譬如,购买连裤袜、内衣、鞋、包、围巾、皮带、头饰、耳环、各种胸贴(如图 3-7、3-8)等。

图 3-6　各类服装配饰

图 3-7　硅胶胸贴

图 3-8　蕾丝面料制成的隐形胸贴

④ 参加时装表演的模特自带,包括连裤袜、内衣、鞋、耳环、胸贴等。

⑤ 寻求其他公司,尤其是设计生产鞋、箱包、首饰等物品的公司的赞助。

不同的服装、服饰来源,对工作人员的具体工作要求也会不同。例如,如果某些服饰需要参加服装表演的模特自带,即使服装表演最后聘用的是有经验的职业模特,也需要工作人员在试衣、彩排和演出前,反复提醒模特;如果有特殊需要,服装管理部门需要组织专业人士订制某些服饰,该项工作就会涉及预算和工作时间是否充足的问题。因此,在服装管理的初始阶段,必须对服饰的来源进行分析统筹。

2. 工作团队构成方式

服装管理部门所需工作成员十分简单,主要包括服装助理、检查员和穿衣助理。

服装助理主要为服装提供服务,而穿衣助理主要为模特服务。工作人员的来源方面,服装助理通常由企业内部挑选有经验的工艺师和缝纫工担任;检查员可由服装助理的总负责担任,穿衣助理可以聘请服装院校有专业学习背景的学生作为志愿者担任,也可以聘请专业从事后台工作的职业人员担任。

服装管理部门在工作初始阶段,对工作团队构成的决策,主要包括两项内容:一是工作人员的选任和人数的确定;二是工作人员尤其是穿衣助理确定介入工作的时间点。

上述决策主要取决于经费预算,同时与工作所需的时间长短也有一定关系。举例来说,服装表演中通常为每位模特配备一名穿衣助理,因此穿衣助理所需人数较多,如果聘请服装院校有专业学习背景的学生担任志愿者,需要组织专门的招募工作,工作时间较长。同时,由于志愿者学习时间和服装表演的时间安排可能发生冲突,因此,很难保证所有的志愿者都能完整地参加试衣和排练,只能确保其参加演出。如果请专业人士作为穿衣助理,可以保证其工作时间,但相比志愿者,需要更多的经费支出。

3. 经费使用计划

除了上述内容外,在服装管理过程中,对服饰进行修补、熨烫会产生费用;为贵重物品保险会产生费用,不同的服装运输方式也会产生不同的费用。因此,在具体工作展开之前,服装管理工作人员务必仔细分析、认真规划预算经费的分配和使用方式,避免预算超支。

第二节　不同阶段的服装管理

一、服装准备

图3-9服装管理部门参与服装挑选工作网络图绘制了服装管理部门工作人员在服装准备阶段的工作流程。主要工作包括：加入团队挑选服装；用文字或者照片记录挑选结果；根据文字和照片分析服装，包括类型、外观风格，数量，组合搭配及配饰要求等；通过租借、购买、订做、寻求赞助等方式备齐服装以及对服饰进行初步整理。该流程图只填写了工作描述和工作序号，未填写负责人和工期。

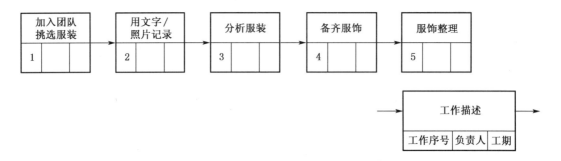

图3-9　服装管理部门参与服装挑选工作网络图

1. 参与服装的挑选工作

在服装表演的组织过程中，通常会成立一个专门的团队选择表演服装，成员主要包括服装挑选的责任人、服装表演总策划或导秀、服装设计师或搭配师、服装供应方等。即使服装管理部门对表演所用服饰没有决策权，但其工作人员，通常是服装助理也会作为成员之一，参加服装挑选的具体工作。

在此团队中，服装挑选的责任人、服装表演总策划或导秀、服装设计师或搭配师是服装挑选的决策者；服装供应方为服装的供应者，提供服装款式、面料、色彩、配套饰品以及存货的情况，服装助理为服务者，主要负责记录挑选结果，方便团队工作。

2. 用文字、照片记录挑选结果

服装助理可用两种方式拍摄所挑选的服装，可以将服装平铺于地上拍摄，如图3-10所示；或者将服装套在衣架上，用手提着衣架拍摄，如图3-11所示。拍摄时需注意服装色彩与背景之间的对比反差。

服装助理同时需要用文字如实纪录团队对服装的评价，建议增加的饰品等。如条件允许，服装助理可当场用衣架将确定选用的服装吊挂在龙门架上，按顺序排列，服装挑选结束后再办理相应的租借手续。

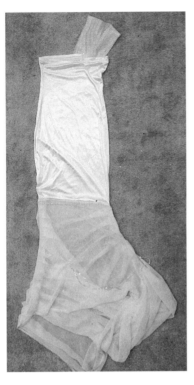

图 3-10 将服装平铺于地上拍摄

图 3-11 将服装套在衣架上拍摄

3. 分析服装

现场挑选结束后,服装助理应迅速整理图片,并邀请团队成员根据图片、文字记录以及龙门架上的服装实样对所挑选服装进行进一步分析讨论,包括类型、外观风格,数量、组合搭配以及配饰要求等。假设团队选择了如图 3-12 所示一系列 4 套不同款式设计的泳装,服装助理可以建议团队成员对其外观风格和配饰要求做出决策,或者给予明确意见,提高工作效率。

图 3-12 分析 4 套不同款式设计的泳装

服装助理同时应协助团队对已选定的服装进行组合搭配。

组合搭配是指将两种以上的服装品类组合以形成某种整体风格,通过不同廓型、细节、色彩、图案、材料的服装组合,塑造统一协调的形象。组合搭配不仅要考虑某套服装的整体效果,更要顾全整个系列甚至整场演出的风格效果。

如果团队将组合搭配工作交由服装管理部门完成,服装助理可以通过下述四种主要方法,对不同款式的服装进行组合搭配:

① 款式搭配:将不同细节、廓型、品类的服装进行组合搭配。

② 色彩搭配:从色相、纯度、明度等角度对不同视觉感受的色彩进行组合,形成预期的视觉冲击。

③ 图案搭配:组合服装的图案大小与阴阳关系,形成对比、冲突、强化、呼应等艺术效果。

④ 材料搭配:利用服装面料不同的风格、肌理、光泽、厚度进行组合搭配。

组合搭配完成后,服装助理需要对所有的服装进行核对,重新登记记录已搭配完成服装的信息(包括文字和图片),并在登记过程中对服装进行局部调整与修改,包括剔除重复服装,增加遗漏服装,取舍有冲突的服装,调换尺寸明显不适合模特身材的服装,修补破损的服装等。

为了便于前后工作的衔接,在登记已搭配完成服装时,可以参考表3-4所示的商品出借单格式进行登记。

4. 备齐服饰

服装助理主要通过租借、购买、订制以及寻求赞助四种渠道备齐服饰。必须注意的是,服装准备数量要多于演出实际需要数量,为防止意外而备用。在此只介绍服装表演中服装最常见的来源——租借。

无论是在公司内部还是利用社会资源租借服饰,服装助理都需与供应方共同拟定一份商品出借单,记录商品出借的细目。商品出借单通常一式三份,一份由服装的供应方保管,一份由服装管理的负责人保管,一份交由服装助理,方便其在工作中清点、整理服饰。

表3-4 商品出借单

供应方		借出日期		部门		负责人	
地 址							
租借方		归还日期		用途		负责人	
借 址							
出借物品清单							
序号	货号	数量	具体描述	颜色	尺码	价格	生产商
1							
...							
责任声明							

出借单的基本格式如表3-4所示,主要内容包括:

① 出借物品:货号、数量、具体描述(文字或图片)、颜色、尺寸、价格、生产商等;

② 供应方信息:借出日期、地址、部门、负责人;

③ 租借方信息：归还日期、借址、用途、负责人；

④ 责任声明：指保证方式，以确保商品出店后的安全。

在归还之前，服装助理应参照商品出借单认真核对服饰，避免将来自不同供应方的服饰混淆。

服装管理部门在服装表演期间应对租借的服饰负全部责任，如果发生丢失或损坏，须按照供应方列出的赔偿细则进行赔偿。

5. 服饰整理

用于服装表演的服装基本到位后，服装助理须提前将服装进行整理。包括：

① 摘除服饰的相关吊牌并妥善保管，确保服饰使用完毕后能原样归还；

② 整烫服装（为工作方便，一般采用立式的蒸汽熨斗进行熨烫），注意在整烫过程中检查服饰有无破损，服饰如有破损需及时修补；

③ 去除服装与饰品上的污迹，尤其是鞋上的污渍；

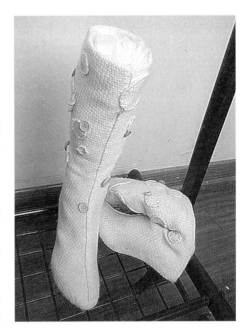

图 3-13　填充靴子

④ 为皮革品上光，用塑料袋或软布包裹皮革制品避免其划破，用合适的填充物填充包、鞋靴、帽子避免其受压变形。图 3-13 所示靴子中，用合适填充物填充的右靴，其形状保持完好，没有用填充物填充的左靴，其形状则完全变形。

⑤ 准备充足数量的衣架和龙门架，按顺序将已搭配好的服装、饰品整套悬挂于龙门架上。

图 3-14（a）所示为一件单肩礼服，在服装整理过程中，图 3-14（b）、图 3-14（c）和图 3-14（d）所示都为该单肩礼服的错误悬挂方式。图 3-14（b）所示吊挂方式易造成服装胸部造型走

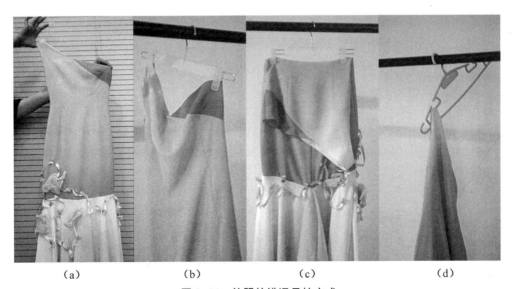

（a）　　　　　（b）　　　　　（c）　　　　　（d）

图 3-14　礼服的错误悬挂方式

形,图 3-14(c)所示吊挂方式使服装产生较深的折痕,同时面料过于紧贴容易造成服装表面的装饰与造型受损,图 3-14(d)所示吊挂方式在服装运输过程中极易造成服装脱落,且单肩受力易损坏服装,面料不能保持面平整,需要时时熨烫。该单肩礼服的正确悬挂方式应利用该单肩礼服一侧肩带和另一侧的隐形吊带吊挂,使服装保持受力均匀。

服装整理时要选用合适的衣架,一般不能选用如图 3-15(a)所示的过于简陋的铁制衣架,而应选用如图 3-15(b)所示的木制衣架,图 3-17 所示的塑料衣架以及各种利用摩擦力或者静电作用,能较好保持服装悬挂效果、避免衣服滑脱的植绒衣架等。

（a）　　　　　　　　　　　　（b）

图 3-15　衣架的正确选用

（a）　　　　　　　　　　　　（b）

图 3-16　扣好所有的钮扣

在服装整理、悬挂时尤其要注意处理好服装的钮扣、拉链等细节。为保持服装面料挺括以及廓型完整,在服装整理、运输过程中,通常需要扣好服装中所有的钮扣(如图 3-16(a));而在服装的试衣、排练、演出过程中,通常需要视具体情况有选择性地扣上服装的部分钮扣,既可提高模特、服装助理等工作人员的工作效率,同时对服装也起到保护作用(如图 3-16(b))。对拉链的处理同样如此。

某些服装对服装廓型有极为严格的要求,因此,无论在服装整理、运输过程中,还是在服装的试衣、排练、演出过程中,工作人员都需一丝不苟地扣好服装的全部钮扣,拉好拉链。图 3-17(a)所示为气球造型的小礼服,由于没有拉好拉链,服装松垮,致使整体效果大打折扣,正确的整理方式应如图 3-17(b)所示。

(a)　　　　　　　　　　　　　　(b)

图 3-17　拉好拉链使服装挺括

需要注意的是,服装助理对服饰的整理工作是一个动态的管理过程。模特试衣,服装经过打包运输以及排练或彩排后都难免会产生打乱服装顺序,弄乱、弄脏、弄皱服装的现象。因此,在服装表演期间,每一次使用服装前及使用完服装后,服装管理部门都要对服饰进行整理,确保每套服装的正确搭配、确保服装按照所需顺序正确排列,确保服装挺括、完好无损。此外,在演出进行过程中,服装管理工作人员需随时随地对服装进行检查整理。

二、协助试衣

试衣的目的是为了检查服装大小、款式、风格与模特的匹配度。组织试衣的原则与前提是要熟悉模特与服装的信息。

试衣的时间安排一般由服装管理部门和模特管理部门、演出部门共同确定。如果试衣时需要模特自行准备服饰,如鞋子、丁字裤、隐形胸衣等,服装管理部门应事先通知模特管理部门,由其负责通知模特。

试衣安排的方式视具体情况而定。小型服装表演可以安排单个模特分别试衣;中型、大型的服装表演,由于模特人数较多,可以分几批进行,每次 3～4 名模特试衣,每名模特的试衣时间需控制在一个小时内。

1. 服装管理部门在试衣过程中的主要工作

(1) 事先排定试衣顺序

服装排序是指模特们按上场顺序上场时,所对应穿着的服装顺序。服装表演通常采用服装的出场顺序作为演出排序。排序设计由演出设计部门完成后交给服装管理部门。

服装表演中服装需要进行多次排序,包括试衣排序或称为初排序、彩排排序、以及演出排序或称为最终排序。试衣排序是指在模特试衣之前,服装助理参考模特管理部门提供的模特具体信息,按照演出部门的服装排序设计要求排定模特的试衣顺序以及要求其试穿的服装。彩排排序是模特试衣结束后对试衣排序进行调整后的服装顺序。演出排序即最终排序是在经过模特演出彩排后,根据服装表演编排的效果,对彩排排序小范围作调整后的服装出场顺序,最终排序也是服装演出的节目单,一般不宜再做更改。

在模特到达试衣场地之前,服装助理要按照演出服装的初排序设计表将服装吊挂于龙门架上,并标号,方便模特到达后的试穿及情况记录。

由于演出现场难免存在某些突发情况,所以在实际演出进行中,服装的出场顺序还会应急调整,即使这种调整是所有工作人员都不愿意看到的。然而,这种调整安排必须服从演出总策划、或现场总导演,其他人员不得擅自更改排序设计方案。

(2) 安排工作人员参与试衣

试衣工作与服装挑选工作类似,是一项多部门合作的团队工作。演出部门的导秀、化妆师、造型师,模特管理部门的模特管理、模特以及服装管理部门的服装助理都会参与。服装管理部门必须安排穿衣助理参加试衣工作,并在试衣过程中,实现穿衣助理与模特的对应,便于两者之间的沟通。

2. 在试穿过程中做好记录

(1) 拍摄定装照与定妆照

当模特试穿的某套服装后获得团队工作人员的一致认可,服装助理需立即为模特拍摄定装照。所谓定装照是指通过服装试穿、服饰佩戴,确定模特演出时所穿着的服装、服饰的本色照片。本色是指模特脸部不化妆,头部不作造型,是一种自然的状态。

通常演出设计部门在对服装排序设计的同时,同步进行模特造型设计。当造型设计完成后都会安排模特试妆,模特试妆的妆面造型被认可后,应立即拍摄模特的化妆造型照片,该类照片称之为定妆照。

如图 3-18 所示为某品牌秀场后台所用的服装吊牌。该服装吊牌体现了模特试妆的妆面效果(定妆照)、模特试衣效果(定装照)以及模特表演服装的整体形象。

(2) 现场调整

试衣过程中,服装助理要随时配合团队,对试衣进行调整。所谓调整,首先,是指对模特的调整,包括调整模特的顺序或者调换模特;其次,是指对服饰的调整,包括修改服饰尺寸以及对服装颜色、款式、配饰重新搭配等。

图 3-18　服装吊牌

即使模特身材都在"一个标准范围内"，但依然存在微妙差异。国外服装表演的试衣过程极其严格。标准的试衣过程为，当模特穿上服装后，服装助理在尺寸有差异的地方标上记号，模特脱下试穿服装后，服装助理马上修改尺寸——通常腰围、裙长是修改最多的部位。除了修改服装，设计师在现场还会根据模特肤色、气质和服装的款式，为模特搭配合适的配饰，直到效果满意，才可以拍摄定装照。

国内目前对试衣的要求不够专业，试装时通常没有任何配饰搭配，如果服装尺寸略有不符，也只是演出现场临时处理。如果腰围过大，通常只在后台用别针处理；裙子过长，往往叮嘱模特小心走台，或者要求模特表演时用手略提裙摆等。这些现象亟待改善。

3. 服装管理部门在试衣结束后的工作

（1）为服装彩排、演出排序

模特试衣全部结束后，服装助理需要根据试衣的实际情况，对服装初排序进行调整，制作彩排、演出时所需的服装总体排序和模特个人排序。通常可将演出服装的总体排序称为纵向排序，将模特个人的排序称为横向排序。此项工作成果需与演出部门、模特部门共享。

如图 3-19 所示，纵向排序是指服装初排序经过模特试装、彩排调整之后所确定的最终服装出场顺序。

横向排序是指每位参加演出的模特，其个人所穿服装的出场顺序，是组成纵向排序的必要部分，如图 3-20 所示。图 3-20 所示纵向排序中，主要内容包括模特的姓名简称"C"；模特的个人形象与基本资料；模特在演出中穿着的服装序号，依次为 3、17、31、45、59 号服装；每个服装序号的旁边，都配有反映服装在人台上的正确穿着方式的相片。

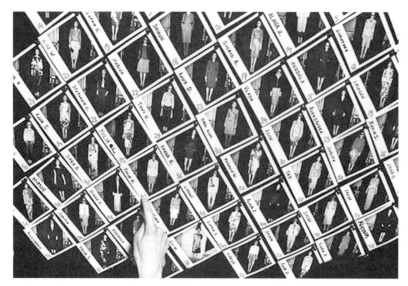

图 3-19 服装演出的纵向排序图

（2010 年 Paris 时装周 Dries van Noten）

图 3-20 模特个人的 横向排序图

有时为了方便工作还可以将纵向排序和横向排序结合起来，制作成一张服装排列与模特穿着对应的总排序情况表（如表3-5）。该表格表示假设某服装表演需要 15 名模特展示 48 套服装。通过表 3-5 可以发现，表格横向代表了服装的纵向排序，表格的纵向分别代表了模特个人的横向排序。

表 3-5　服装表演服装与模特对应的总排序

模特照片	模特01	模特02	模特03	模特04	模特05	模特06	模特07	模特08	模特09	模特10	模特11	模特12	模特13	模特14	模特15
服装照片	服装01	服装02	服装03	服装04	服装05	服装06	服装07	服装08	服装09	服装10	服装11	服装12	服装13	服装14	服装15
	服装16		服装17	服装18				服装19	服装20	服装21		服装22		服装23	服装24
		服装25			服装26	服装27	服装28				服装29		服装30		
	服装31		服装32	服装33				服装34	服装35	服装36		服装37			
					服装38	服装39	服装40				服装41		服装42	服装43	服装44
				服装45	服装46										
		服装47													
	服装48														

（2）制作试衣信息表和服装吊牌

在服装和模特调整就绪后，服装助理可以制作一张试衣信息表用作备案，这张试衣信息表是调整服装的重要依据，用于试衣工作后的评论和总结。试衣信息表的内容包括模特卡上模特的基本信息和服装的尺寸，服装的出场顺序号以及对服装的详尽描述，注明穿戴方式。最理想的试衣信息表通常附有模特穿着演出服装和配饰的彩色照片，需要全身正面、侧面和背面的照片，如若有穿着中的特殊要求可以采用体现细节的彩色照片标明，再附上简明解释。

服装助理在填妥试衣信息表后，可以根据信息表的内容制作服装吊牌，如图 3-21 所示。服装吊牌也可以称为服装标签。服装吊牌为每套服装编好号码，在最终出场演出之前，服装吊牌始终需要挂在每套服装上，确保无误。

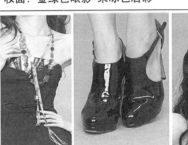

23：张 雯 178

配饰：金属项链2根+黑色高跟鞋（39码）
妆面：金绿色眼影+果冻色唇彩

图 3-21　世界小姐张梓琳在某服装秀中的服装吊牌

图 3-21 是一张较为完整的某场服装秀中的服装吊牌。该服装吊牌包含了以下一些主要内容：模特的名字，服装在演出中的出场顺序"23 号"，模特试穿该服装的照片，共四张，其中一张为模特着装后的全身像；三张为局部照片，分别拍摄了项链和高跟鞋两种配饰的局部细节与妆面，文字部分代表需对模特、服装备注的细节。

小型服装表演通常只需制作简单的服装吊牌，内容包括：服装排序号码、模特姓名、模特定装照等基本内容。

三、服装运输

服装表演组织过程中，服装管理部门须及时将试衣后的服装运输到服装表演场地。服装运输需要考虑服装打包方式和交通工具选择，受到多种因素的制约，其中，预算对服装的运输起到决定性的影响。

1. 服装打包形式

服装的打包形式主要有两种。一种是装箱包运输，即将服装平铺于较大的箱包内，经过箱包内打包挤压的服装送抵演出现场后要及时熨烫悬挂；另一种方式是悬挂运输，即将服装包括配饰以一套为单位、按演出顺序吊挂于带有滑轮的龙门架上运输。服装的打包形式主要由服装的抗皱性能，耐压程度和保型性来决定。比如，针织类服装适宜用箱包运输，真丝类服装通常适用吊挂运输等。贵重饰品应集中收集在较小的箱包内由工作人员随身携带，避免损坏。

服装在打包前,通常需要使用服装袋保护,防尘、防皱。服装袋的种类颇多,为方便服装助理整理服装,一般选择下端活络封口的透明 PVC 服装袋。透明服装袋可方便服装助理读取服装吊牌的内容。如果某些服装长度长于服装袋,服装助理需要用夹子夹住服装袋下端,防止服装拖地。西装等特殊类别服装可使用无纺布材料制成的服装袋保护,注意在服装袋上贴上号码。如果需要节约费用,可利用大块的面料将龙门架上的所有服装包裹、夹紧,继而运输。

2. 服装运输方式

长距离运输不便采用龙门架吊挂的方式,可将服装打包后交由航空公司或铁道部门托运,中、短距离运输可采用龙门架吊挂的方式用厢式货车运送。无论采用航空、铁路或公路中的何种方式运输,贵重服饰必须由工作人员亲自负责运输,不能外包给货运公司,避免损坏或丢失。

在异地举办服装表演,服装至少应在演出前的 2~4 周送抵,便于安排模特试衣、服装整理、服装排序以及制作服装吊牌。新款服装、贵重服装至少要在服装表演开始前 24~48 小时送抵表演场地。

四、彩排与演出过程中的服装管理

在彩排和正式演出之前,服装助理要将按纵向排序排列的服装,根据模特的横向排序分配给模特或者与模特对应的穿衣助理。同时,将一些共用的道具及配饰,如鞋、包等按要求放置于后台制定的道具与大配饰区。

穿衣助理在后台更衣区域内指定的龙门架上,按照所对应模特的横向排序整理检查服装。彩排与演出过程中,穿衣助理需积极配合模特进行工作,彩排和演出结束后,及时将服装归位,整理并清点服装。

关于彩排和演出中的服装管理工作,隶属于后台管理的工作范畴。这部分内容可参看后台管理章节。

第三节　服装管理工作的人员与职责

在服装管理的具体工作过程中,从服装挑选团队、试衣工作团队到演出现场,服装管理部门需要与不同部门的工作人员合作配合,其中包括服装设计师、导演、模特、模特管理、化妆师、造型师、服装供应者以及后台管理人员等。服装管理部门的工作人员需要在工作中保持清醒的头脑,明确个人工作应该听谁指挥、怎样工作、为谁服务等,处理好与其他部门、其他工作人员之间的工作协调。

一、服装管理部门的主要工作人员

1. 服装助理

利用表 3-6 服装助理的工作分配矩阵,能更好地说明服装助理与服装表演其他部门之间的工作职责、工作内在联系以及团队工作中存在的上下级关系。表3-6纵向为具体工作，横向为工作人员名称，纵向和横向交叉处表示各工作人员在具体工作中的职责，字母"P"表示主要责任，"S"表示次要责任。

表 3-6　服装助理的工作分配矩阵

序号	工作内容描述	服装助理	总策划	导演	服装挑选责任人	设计师	服装供应方	模特	模特管理	化妆师	造型师	货用公司	穿衣助理
1	服装挑选	S	S	S	P	S	S						
2	用文字和图片记录挑选结果	P											
3	分析、搭配服装	S	S	S	P	P							
4	服饰购买	P											
5	服饰定制	P				S							
6	服饰赞助	P					P						
7	服装租借	P					P						
8	安排试衣时间	P		P					P				
9	确定试衣顺序	P		P		S			P				
10	试衣及现场调整	S		P	P	P		S					
11	拍摄定装照	P							P	P	P		
12	制作各类表格	P											
13	打包	P											
14	运输	P										P	
15	分配服装	P							P				P
16	布置道具和大配饰区	P											
17	整理、熨烫、修改、修补	P											

　　服装助理可以由多人担任，因涉及到整理、熨烫、修改、缝补工作，通常聘请技艺娴熟的工艺师、缝纫工承担此项工作。

　　如果服装表演的规模较大，可根据服装助理具体工作岗位的不同，成立一个服装助理的团队，理想的团队成员可包括设计师助理、工艺师、缝纫工以及销售部门的职员等。其中，销售部门的职员在服装的来源、运输方面具有优势，设计师助理在服装选择、试衣等方面拥有一定经验，工艺师、缝纫工则具备专业的熨烫、修补服装的技能。

2. 穿衣助理与检查员

　　穿衣助理的主要工作是作为助手帮助模特穿、脱服装。检查员一般为设计师或搭配师担任，为每一位候场模特作最后整体检查。穿衣助理、检查员一般在模特试衣、彩排时就开始工作，他们要熟悉模特和服装。穿衣助理和检查员是重要的服装管理人员，由于其工作主要在后台，其具体工作将在后台管理的章节中作详细阐述。

二、服装管理工作所需工具与物品

为了便捷地、有条理不紊地进行工作，服装管理人员可参照表 3-7，列出明细，及时准备与补齐用品。

表 3-7　服装管理工作所需工具与物品核查表

工作用途	设备与物品要求
服装的陈列	龙门架、衣架、服装吊牌
服装日常保护	保护鞋子的防护带、服装袋，各类污渍的清洁品等
服装的熨烫	立式蒸汽熨斗（如图 3-22 所示）或自吸风熨烫台（如图 3-23 所示）和蒸汽熨斗
服装修改、修补	桌、椅、笔、滑石粉、剪刀、针线、松紧带、大头针、安全别针、各种面料等
服装在试衣、彩排和演出中的保护	地毯、大垫布、丝巾等

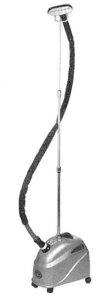

图 3-22　立式蒸汽熨斗

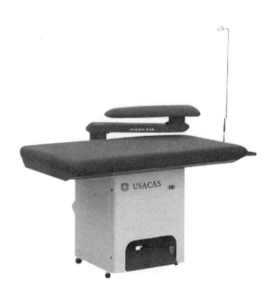

图 3-23　自吸风熨烫台

思考题：

1. 论述横向排序与纵向排序在服装表演中的重要作用。

2. 设计制作一张服装号码牌，并简述设计的理由。

3. 某服装表演在组织过程中，出现了严重的经费透支问题。该服装表演为某品牌休闲服装的新品发布，共有 16 名模特参加演出，需展示 48 套服装。请根据服装助理和穿衣助理在服装管理中的不同作用，估算本次服装表演所需最少的服装助理人数和穿衣助理人数，并说明原因。

第四章 ┃┃┃ 模 特 管 理

第一节　模特管理的分析决策

在服装表演的组织工作中,关于模特管理工作的决策主要是根据服装表演的策划主题与内容,确定和落实"是否需要模特"、"需要何种模特"、"需要多少模特"以及"给予模特多少费用"等问题,从而保证服装表演的顺利进行。

一、服装表演是否需要模特

随着现代科技的飞速发展,服装表演的表现展示形式也不断变化,服装界出现了包含更多科技含量、更多艺术形式的概念化服装表演。比如 Viktor & Rolf 2009 年春夏服装发布会,没有发出一张邀请函,没有座位图表,没有交通堵塞,更没有无休止等待,发布会利用网络在该品牌网站现场直播。发布会从头到尾只用一名演员——名模 Shalom Harlow,运用先进技术,甚至同时让三个 Shalom Harlow 出现在 T 台。

在未来的服装表演策划中,策划一场没有模特的服装表演也完全有可能会发生。因此,"服装表演是否需要模特"也许会成为未来模特管理工作决策中的首要问题。

二、聘请何种类型模特

1. 决策内容

不同服装表演中所需要的模特是不尽相同的。模特管理的组织者可以根据服装表演策划的具体要求,包括服装类型、表演设计的具体风格、经费等实际情况与演出部门共同确定聘请何种类型的模特,如表 4-1 服装表演模特聘请决策表所示。

表 4-1　服装表演模特聘请决策表

第一部分:模特的专业要求			
模特的专业要求	人数	预算费用	备注
■ 职业模特			

第一部分:模特的专业要求				
模特的专业要求		人数	预算费用	备注
■ 非职业模特	■ 舞蹈演员			
	■ 影视名人与明星			
	■ 艺术家			
	■ 体育明星			
	■ 企业家、政治家			
	■ 普通百姓			
	■ 其他			
合计:				

第二部分:模特的性别、年龄要求			
模特的性别、年龄要求		人数	备注
■ 性别要求	■ 男		
	■ 女		
■ 年龄	■ 儿童		
	■ 青年		
	■ 中老年		

第三部分:模特与服装的匹配度								
服装要求	模特形体的基本要求范围							
	女　模				男　模			
	身高	三围	比例	体重	身高	三围	比例	体重
■ 高级成衣								
■ 品牌服装								
■ 样衣								
■ 内衣								
■ 大尺寸服装								
■ 童装								

主要决策内容包括:

① 模特的专业性质。它是策划者决定聘请职业模特还是非职业模特或者一些其他职业人士的参考依据。

② 模特的性别、年龄。这些是策划者决定聘请男模特或者女模特、儿童模特、青年模特或者中老年模特(如图 4-1)等的考虑因素。

③ 模特与服装的匹配度。

根据服装表演所展示服装种类,对拟定要聘请的模特提出基本的形体要求。主要包括高级服装、品牌服装所需的职业模特尺寸;特殊服装如大尺码服装所需的大码模特尺寸,穿着服装样衣的试衣模特尺寸,内衣所需的内衣模特尺寸,以及童装所需的儿童模特尺寸等。

模特管理工作过程中,工作人员尤其要重视特殊服装与模特之间的匹配度,必须与服装管理部门、演出部门充分有效地沟通,掌握特殊服装所需模特的具体尺寸要求,谨慎、严格把关,以免发布错误的招聘信息,从而影响模特面试、模特试衣等具体工作的实施。

④ 模特面试的方式和时间。

2. 关于职业模特的说明

一般来说,在服装表演中主要以聘请职业模特为主。职业模特是人们普遍了解和意识中的模特,包括职业男模和职业女模。职业模特是赋予服装灵性的活动衣架,是需要量最大的一种模

图 4-1　出生于 1931 年的美国模特卡门·戴尔·奥利菲斯出现在 2009 年伦敦时装周上

特。职业模特适合多种多样的服装表演,包括精彩繁华的高级女装发布会、大型的庆典性演出、流行趋势发布会、促销表演乃至微型服装展示。为达到服装最理想的穿着效果和服装表演的展示效果,业内对职业模特身材要求比较苛刻,职业模特的身高、三围比例有一个相对统一的标准,95％的职业服装模特都是符合这个标准的。

(1) 职业女模的标准

① 身高:国际模特参加服装表演的身高要求是 1.76～1.82 m,国内的服装模特身高要求则是 1.74～1.82 m 之间;

② 肩与颈:肩宽在 44 cm 以上,肩应稍宽,颈应细长,过渡柔和;

③ 胸围:通常要求是 82～88 cm 之间,其中胸围与肋围差在 10 cm 以上;

④ 腰围:通常要求是 60～63 cm 之间,其中胸围与腰围差在 22～24 cm 之间;

⑤ 臀围:通常要求是 86～90 cm 以内,臀围通常与胸围相等或大于 2～4 cm;

⑥ 鞋号:37～40 号之间;

⑦ 体重:体重(kg)＝[身高(cm)－123]±5％(身高－123);

⑧ 比例:上下身比例以黄金分割率为准,即躯干的宽度、肩宽及臀宽三者的平均宽度与肩峰到臀底的高度之比是 1：1.618,近似于 5：8;以肚脐为黄金分割点,上下身的比例为 0.618：1;大小腿的比例以小腿与大腿长度接近相等或略长于大腿为准,大腿线条圆润柔和,小腿腿肚稍稍突出但过度自然,腿形纤细修长;头身比例为头长是身长的 1/8～1/7;

⑨ 头型:椭圆形,脸型不宜宽,可稍长一些,后脑呈圆弧状,侧看呈"?"状,以头小脸小为宜;

⑩ 五官:端正,"三庭五眼"为标准,两眼距离为一只眼睛的长度;耳朵与鼻子长度相近;人中轮廓清晰,略长;上下唇厚薄均匀,丰满红润,脸部线条明晰,具备骨感。职业模特的相貌标准不看漂亮与否,而是看是否有立体感,有没有个性特点;

⑪ 皮肤：正常健康，富有弹性，细腻光洁，没有疤痕和胎记，非过敏性皮肤（对任何衣物布料没有过敏反应）；

⑫ 头发：质地良好，弹性好，以黑发、直发为宜，便于演出中发型的塑造。

（2）职业男模的要求

① 身高：东方男模 1.80～1.90 m，欧美男模 1.85～1.92 m；

② 肩宽：通常要求是 52～55 cm 之间；

③ 胸围：通常要求是 100～106 cm 之间；

④ 腰围：通常要求是 76～83 cm 之间；

⑤ 骨骼和肌肉：健美、匀称、协调、轮廓清晰、线条流畅。

3. 关于试衣模特的说明

试衣模特是为设计师或服装公司试穿样衣的模特，适用于设计师工作室、服装设计制作公司、品牌公司、制衣厂等，是一类为满足服装市场实际需求而特聘的模特。

试衣模特的作用非常重要。在极其讲究服装剪裁完美合体的高级女装业内，每件服装在制作中都需要试衣模特反复试穿，及时发现需要修改之处，不断加以完善直至表演前夕。服装企业，尤其是品牌公司和制衣厂，经常会聘用一些形体具有代表性的试衣模特，根据其体型制作出各种型号的服装样衣，并由试衣模特穿着服装样衣完成订货会服装表演。由于试衣模特的基本形体与普通顾客相同，所以由其穿着样衣，更能反应服装商品的实际穿着效果，更符合市场需要。

作为一类比较特殊的模特，试衣模特与职业模特相比有较大不同。试衣模特必须符合样衣要求，五官端正，体型、比例非常匀称，对体型要求尤其严格。不同的服装企业或品牌对试衣模特的体型要求不尽相同。

三、需要模特数量

在决策阶段，模特管理人员要根据服装表演的策划与演出部门确定服装表演最终所需的模特数量，如表 4-1 所示，根据需要的模特数量展开系列工作。

四、模特的费用预算

由于费用预算直接关系到模特管理人员通过何种途径以及招聘何种水平的模特，因此模特管理人员必须根据服装表演的具体预算分配展开工作。

需要注意的是，如果服装表演拟定邀请各类社会各界知名人士担任模特出席服装表演（如图 4-2 所示），在预算中，不会将邀请这部分嘉宾所需的费用计入模特的费用预算。事实上，关于邀请社会各界知名人士担任模特出席服装表演的组织工作，一般不需要模特管理的工作人员承担。由于知名人士的社会职位和影响力，该项工作通常由级别更高的管理人员承担。

对模特费用预算的具体决策之前，模特管理工作人员首先应对当前国内模特的行情进行了解。

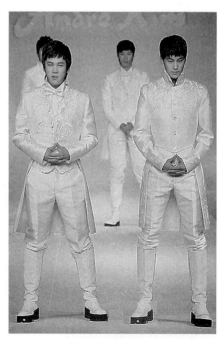

图 4-2　韩国已故服装设计师安德烈金的时装发布会

1. 模特等级与报价

（1）国际惯例中的模特分类

国际惯例中模特有四个等级分类,前三类均为职业模特,第四类为非职业模特。

一类模特包括知名度及商业价值高的知名模特,其报价为最低价位,聘请此类模特演出,其演出费用需按当时市场的价格进行调整,同时要负担模特演出期间的食宿费用及演出地与模特出发地的往返交通费用。

二类模特包括商业价值高的模特和在各类大赛中的获奖模特。

三类模特指一般的职业模特。

四类模特指非职业模特。

上述针对四类模特的报价均为最低报价,聘请外模参加演出,其演出费用需按当地市场价格进行调整,同时要负担模特演出期间的食宿费用,演出地与模特出发地之间的往返交通费用。除一类模特外,其他三类模特报价在公司相应活动期间或法定假期可下调或上涨。

（2）我国模特的分类

我国于 1996 年 8 月由中华人民共和国劳动和社会保障部颁布《服装模特职业技能标准》（简称《标准》）,《标准》对模特评级考证做出详尽的描述和规定。模特分为初、中、高三项等级,不同等级职业要求逐级上升,《标准》力求实现模特行业规范化,模特职业化,普及模特持证上岗。但该种分级方法并未受到国内模特业内的重视。

当前中国境内服装表演模特的参考报价如表 4-2 所示。

表 4-2 中国境内服装表演模特的参考报价

每场报价（人民币）单位:元	一类模特		二类模特		三类模特		四类模特	
	中国模特	外模	中国模特	外模	中国模特	外模	中国模特	外模
	10 000 及以上	10 000 及以上	5 000 及以上	5 000 及以上	1 000 及以上	3 000	500 及以上	2 000

2. 费用预算的细化

（1）预算细化的依据

在服装表演组织过程中,模特管理人员需根据表 4-1 服装表演模特聘请决策表的内容,对模特的预算费用进行细化。

试以案例说明:假设一场服装表演的模特费用预算为 30 000 元,初步决定使用 15 名同一业务水平的普通职业模特,工作人员不能以人均 2 000 元的演出报酬对外发布信息。工作人员首先应该在 30 000 元的费用中扣除 10% 的费用（3 000 元）作为机动费用,并将模特数量由 15 人增加至 18 人（具体的数量视服装表演的实际情况决定）,以 1 500 元/人（27 000 元/18 人）的平均费用对外发布信息。

（2）预算细化的目的

就上述案例来看,之所以要增加模特的预算数量,目的是避免在之后的具体工作中由于增加模特而使预算超支。在试衣、彩排过程中经常会因为服装尺寸、模特抢装速度等实际情况出现增加模特的情况。为了避免意外,一般在服装表演的实施过程中,模特管理人员需多备1～2名模特作为候补。

模特管理人员可以使用机动费用解决具体工作中产生的额外费用,包括交通、饮食、税收、优秀模特的奖励等额外产生的费用。

3. 报价的行业常规

一般认定为模特个人按照规定完成一场完整服装表演所需展示的服装套数为演出一场，支付一场的演出报酬，必须注意通常情况下模特每场演出的薪酬包括一定量的试衣、排练与演出任务，如果试衣、排练工作量超出合同规定，则加收半场演出费。按惯例一场演出的舞台表演时间不超过 45 分钟，如果超过 60 分钟则应酌情考虑增加演出费用；外地演出需负担模特演出期间的食宿费用及演出地与模特出发地的往返交通费用。

对于一些名模、超模等，她们的演出薪酬报价与所表演的服装套数有关联，所以还必须确定其在演出中所穿着表演的服装数量。但她们的演出薪酬同样包括试衣、排练和演出任务。

特殊类型演出，模特报价在原报价基础上，可以上浮 50％以上；此部分演出包括泳装、内衣、人体彩绘及其他改变模特外型或可能伤害到模特身体或演出环境恶劣(室外强光、风沙等)的演出。

第二节　服装表演准备阶段的模特管理

一、准备阶段的模特管理工作流程

图 4-3 绘制了服装表演准备阶段的模特管理工作的工作流程。该流程图只填写了工作描述和工作序号，未填写负责人和工期。在服装表演的准备阶段，模特管理工作人员主要做好模特来源库建立、招聘和面试信息发布、面试组织以及为入选模特建档等四项主要工作。

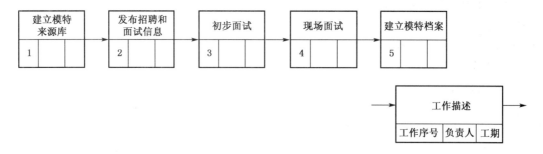

图 4-3　服装表演准备阶段的模特管理工作网络图及图解

二、建立模特的信息库

一名优秀的模特管理人员，应该在实际工作中逐步建立与模特行业内模特及其他相关人员的良好关系，建立个人、公司的模特信息库，方便工作的开展。当然，对于临时担任模特管理工作的工作人员来说，也可以通过以下三种主要渠道招聘模特。

1. 模特经纪公司

模特经纪公司的模特是经公司挑选、培养、规划和发展定位后，在双方平等自愿的基础上签订劳动合同的员工。签约模特经纪公司的模特为职业模特。与其他职业的工作者一样，职业模特在没有通告的工作日内需要到经纪公司进行相关的业务培训。职业模特每个月有基本工资,依照演出的业绩增加收入(如图 4-4)。

模特经纪公司一般要求签约模特不得私自接演活动,一切事宜都需由模特经纪公司做代表出面谈判权宜。模特管理人员应注意避免与职业模特直接联系。

为了方便模特管理人员理解模特经纪公司从团体制到代理制度的发展,正确地、规范地处理职业模特与经纪公司之间的关系,本章第四节将详细介绍模特业从团队制到代理制的发展过程,并在附录中提供了模特经纪公司与模特之间的签约合同样本供参考。

2. 模特专业类院校的学生模特

学生模特同样处在模特表演的最佳适龄阶段,由于其接受模特表演专业的系统教育,学生模特一般具有一定的表演技能,而模特专业类院校普遍要求学生参加专业实习,因此,模特管理人员可以通过学校,且必须通过学校联系学生模特参加服装表演的招聘。

图 4-4 1946 年 LUCIE CLAYTON,英国第一家模特经纪公司

学生模特在某些方面与职业模特相似,同样经过严格选拔,系统培训,演出费用方面,学校也会收取适当的管理费用等。当然,职业模特在外形条件、经验、技能方面具有优势,而学生模特则具有较好的文化基础,且个别优秀的学生模特并不会比职业模特逊色。由于学生模特以修学为主,在经验方面相对欠缺,所以其报酬要求与职业模特有一定差距。

3. 个体模特

由于市场经济的灵活性和多元性,一些符合模特要求的个人也可以成为模特管理人员的考虑对象:包括不愿受经纪公司约束、具有职业模特能力的专业模特;身高、体型符合服装样衣尺寸标准的试衣模特;身高不够 T 台模特要求,但五官标致、镜头感良好的平面模特以及儿童、中老年模特等。

模特管理人员可以通过个人关系、学校、社会社团、提供短期培训的培训机构等多种渠道寻找个体模特。由于个体模特多数没有专业、系统培养的背景,因此其技能良莠不齐。个体模特一般不属于任何经纪公司,兼职担任模特,所以并不稳定。

由于演员、舞蹈演员、运动员都具有很强的身体协调性和节奏感,身体线条、肌肉结构和舒展性良好,且都具备现场发挥所要求的良好心理素质和表现力,所以模特管理人员也可以根据服装表演的实际情况,邀请其以个体模特的身份参加服装表演。

模特管理人员聘用个体模特时,存在一定的困难:与个人签订合同,保障性不大;对其业务水平和职业素养不甚了解,不能完全信任;个体模特不可能像职业模特那样具有一应俱全的演出自备用品,对其管理相对复杂;此外,模特管理人员在支付个体模特报酬时,还需特别处理其个人所得税问题。

三、发布服装表演的模特招聘信息

1. 信息的基本内容

模特管理的工作人员对外发布服装表演的招聘信息时,可结合之前模特管理的分析决策

的具体内容发布信息,信息中应该包括以下一些基本内容:

① 服装表演的基本情况。包括时间、地点、场次、服装品牌及服装基本类型;

② 模特的性别、形体要求,如招聘特殊模特,必须详细说明情况;

③ 应聘方式。为了使面试组织工作简单化,模特管理人员一般要求模特在应聘时,首先通过电子邮箱、邮递、快递等方法寄送个人的模特卡。经过初选后,再约谈具体面试;

④ 基本报酬。

2. 关于模特卡的说明

欧美几乎所有的服装模特都使用模特卡作为模特档案。模特卡是以卡片为载体,记录模特的基本情况。模特卡是模特的说明书、身份证、介绍信,在应聘、宣传、介绍模特时都能派上用场。

(1)模特卡的尺寸

德国人 Zed 将模特卡的尺寸改革为如今国际通用的 8 in×6 in。目前最常见的模特卡为双面档案或者单面档案,其尺寸有细微差别。单面档案的标准尺寸通常为 14 cm×22 cm,或者 15 cm×20 cm,15 cm×23 cm 等;双面卡片的尺寸为 14 cm×43 cm,折叠一半后四面可用,可容纳 4～10 张照片。

(2)模特卡的板式

通常模特卡的正面会选用模特的头像特写照片,背面则选用模特的泳装、表演以及产品广告照片等。当然,模特卡的板式不是一成不变的,模特可以根据选用照片数量进行不同设计,如图 4-5、4-6 所示。

图 4-5　模特卡的正面版式　　　　图 4-6　模特卡的背面版式

(3)模特卡中照片的选用原则

模特卡中的照片,是在方寸之间展现模特的最佳形象和最具感染力的一面,能较全面地代表模特,并且使模特看起来有可塑性,适合时尚潮流。所以,模特卡原则上不使用模特的早期形象,职业模特不能选用 6 个月之前的照片,如图 4-7～4-9 所示。职业模特应根据特定的客户和不同的服装表演任务来选择照片。照片应充分显示模特的外貌、身材、个人特质以及可塑性。如果模特五官富于特点,那么一张近距离的正面头像特写就有很强的说服力。如果模特腿部修长有型,那么超短裙便是不错的服装道具。具体归纳来说,模特卡中选用的照片,应符合以下几个特征:

图 4-7 常规女模模特卡

图 4-8 常规男模模特卡

THANA KUHNEN

SHOE SIZE 39 - 9
HAIR COLOR BROWN
EYE COLOR GREEN

HEIGHT 181 - 5' 11"
BUST 83 - 32"
WAIST 62 - 24"
HIPS 89 - 35"

图4-9 个性化模特卡

① 模特个人特征与表现力；

② 模特形象的不同风格；

③ 模特形象与市场需要的吻合；

④ 模特形象符合具体客户的要求。

（4）模特卡片中的内容介绍

为了保护模特的利益，模特卡上通常没有模特本人的通讯地址或电话，个体模特除外。在模特卡中，除了照片，还应该包括以下一些基本信息：

① 模特的姓名或艺名，如果用中英文标注更好；

② 经纪公司、模特院校或机构的商标、地址、网址与其他联络方法；

③ 模特的基本信息：包括模特儿的身型数据，如身高、体重、三围等，如表4-3所示。

表4-3 模特档案中的基本信息

女模特	男模特	女模特	男模特
身高（厘米）	身高（厘米）	臀围	裤长
服装号码	外衣号码	鞋码	鞋码
胸围（最好附上罩杯号码）	衬衫号码（领围与袖长）	头发颜色	头发颜色
腰围	腰围	眼睛颜色	眼睛颜色

④ 个人特质。模特如接受过声乐、表演、舞蹈方面的训练或者有此方面的资质，可以在模特卡上标明，亦可注明拥有优美的手、腿、皮肤和脚等（也可通过照片说明）。如果模特隶属于某一具体的艺术团队或者演出单位，也可以注明；

⑤ 鸣谢。如果模特卡中采用了知名摄影师作品、品牌广告、杂志已发表的服装照片或者品牌服装表演的现场照片，通常需要标明化妆师、发型师、服装设计师、摄影师的正确名字，并致以感谢；

⑥ 联络方式。个体模特可在模特卡中标明联络方式。

四、模特面试组织

对模特的面试可以分成两部分进行,首先通过模特投递的模特卡进行筛选,其次对模特进行现场面试。在面试期间,模特管理人员需要明确个人身份与职责:模特管理人员是面试的组织者,而非面试结果的决定者,决定模特入选与否,是演出部门的工作。国外一线品牌经常聘用专门的模特选角人员比如导演、服装表演的执行总监来进行模特挑选。诸如Armani先生、John Galliano等知名设计师更会直接参与模特选角。

模特管理人员因根据事先决策的面试方式和时间,通知服装表演演出部门进行面试,并做好相应的组织工作,如图4-10所示。

图4-10 1936年,模特面试现场,图中男性为经纪人JOHN ROBERT POWERS

1. 关于面试组织的说明

① 在面试之前模特管理人员应提示所有参加面试的模特准备好紧身衣、短裙、高跟鞋等必须物品,以及根据表演部门需要告知模特是否化妆等面试细节;

② 服装表演的面试组织工作可以通过模特资料卡筛选、然后安排现场面试两个工作环节展开。特殊情况下,表演部门会提出"走出去面试"的方式,比如要求通过观摩模特训练、出席其他服装表演现场等方式来筛选模特。模特管理人员要根据实际情况做好相应的工作安排;

③ 保证有一定数量的模特进行面试。模特管理人员对"一定数量"要从两个层面上理解,"一定数量"既表示"要求数量充足",又表示"要求数量必须限制在一定范围内"。如果一场服装表演需要15名职业模特,模特管理人员提供20名备选模特参加面试,演出部门一定会表示不满。反之,如果模特管理人员安排了200名备选模特参加面试,且不提面试组织工作如何繁重,演出部门同样会不堪重负,难以抉择。

2. 面试组织过程中的细节工作

(1)工作人员的组织

除了需要通知演出部门参加面试工作之外,模特管理人员还需要安排其他的面试工作人员,包括:面试模特的接待者,面试过程中的信息记录员以及现场摄影师等。

(2) 设计相应的面试表格

为了合理有效的安排模特参加演出,面试不仅是服装表演主办方选择模特,也必须征得模特对演出服装类型的认可,避免产生不必要的矛盾,同时面试表所反映的情况可以给编导在选用模特时作参考,如表4-4。

一般模特到达面试现场时就让其填写表格。

表4-4 模特面试表

姓名	代理公司	演出日期	档期是否有空	不愿意暴露的身体部位	录用意见

(3) 安排面试场地及其设施

在模特和面试人员未到达之前,落实好场地包括模特等候的休息室,并对场地环境进行清洁、对空调进行预热或预冷调试、准备好音响设备以及桌椅等必备的设施。

(4) 分批安排面试

模特管理人员通常需要通知模特在不同的时间段内参加面试。此种做法可避免所有参加面试者在同一时间段内进入面试现场,造成面试现场次序混乱。

如果模特管理人员按照事先决策对参加面试者如经纪公司的职业模特、模特专业院校的学生模特、个体模特采用不同的报价,那么,安排不同渠道来源的模特分批进行面试显得非常必要。

如果通过模特卡筛选后,演出部门将应聘者分为最理想模特、符合要求模特、可以尝试使用模特以及必须通过现场面试才能决定是否适合的模特等类别,模特管理人员在安排面试时,需要首先通知最理想者。如果面试后模特录用人数不够,再依次通知符合要求者、可以尝试使用者以及必须通过现场面试才能决定者参加面试。一旦录用人数达到演出要求和备用要求,就可以中止面试。当然,出于礼貌,即使录用人数已经达到演出要求和备用要求,模特管理人员也不可随意中止正在进行中的面试。

(5) 准备样衣、服饰道具等

模特管理人员应根据演出部门提出的对模特的形体要求,事先与服装部门沟通,以获得服装部门的帮助,准备一些与表演用服装风格、尺寸一致的样衣。模特通常会被要求试穿样衣进行走台表演。如果没有要求模特试穿样衣走台面试,管理人员也应该准备面试过程中通常会要求模特准备的紧身衣、短裙、高跟鞋等物品以提供给没有经验的模特备用,也便于面试人员观察模特的身材条件而作出选用与否的决策。

对于某些强调"表演"的艺术性服装演出,需要观察模特是否具有灵活运用各种服饰道具的表演能力,那么准备一定量的不同形式的服饰道具是必不可少的。

五、为入选模特建档

1. 确定入选模特

模特管理工作人员应根据面试的最后结果,确定入选模特和备选模特,并及时通知模特经纪公司或模特个人面试结果。原则上,模特管理人员不需通知备选模特。只有发生意外,表演需要增加或者调换模特时,才临时通知备选模特。

对于没有入选的模特资料,模特管理人员也应妥善保存其资料,有利于模特档案库的建立,并为今后的服装表演模特选拔工作提供便利条件。

2. 建立演出模特档案

模特管理人员为入选模特建立演出档案,包括收集入选模特的面试表、模特资料卡、面试时为模特拍摄的照片,以及整理模特基本资料的汇总表。入选模特基本资料的汇总表样式与内容可参考表4-5。

表4-5 入选模特基本资料汇总表

编号	姓名	性别	身高	三围	鞋码	服装尺寸	来源	联系电话
1								
2								
3								
4								
5								
……								

模特基本资料汇总表应打印多份,分别转交服装部门和演出部门,同时还需附上模特照片,以方便服装部门与演出部门在试衣、排练、演出等具体工作时了解模特,方便工作的开展。

3. 签订演出合同

演出合同是服装表演供需双方彼此对实现演出的承诺,也是对演出顺利进行的必要保障,它是模特管理规范化的一种具体表现。因此,通常情况下,模特管理人员需要代表演出模特聘用方和入选模特所属的模特经纪公司、学校、社团等单位(被聘用方)签订演出劳动合同。如果被聘用方是个体模特,也必须与模特个人签订演出劳动合同。合同样本参考表4-6。当然,双方也可以根据演出的不同性质与情况,以双方协商的条款来签订演出合同。

表4-6 某品牌服装表演演出合同

_____品牌服装表演 演出合同

甲方:_____

乙方:_____

甲方诚邀乙方提供_____等共____名模特参加____品牌服装表演事宜,演出时间自____年____月____日至____年____月____日共____场,演出地点为_____。

一、工作范围:乙方按甲方要求出任服装表演的走秀模特,表演共____场。

二、合约有效期及肖像使用范围:乙方肖像可使用于媒体报道及甲方的非公开发表或非营利性的内部资料。肖像权使用年限为____年:自____年____月____日至____年____月____日。

三、酬金:甲方支付乙方每场演出酬金____元(税后款),共____场,合计____元(税后款),甲方提供乙方演职员____人的往返交通及食宿。该酬金包括乙方模特试衣和彩排报酬。

四、酬金支付方式:演出结束后甲方一次性支付给乙方。

五、甲乙双方不得无故违约,如任何一方违约,违约方须向对方做出经济赔偿,共____元。

六、本合同一式两份,甲乙双方各执一份,签约即生效,未尽事宜,甲乙双方协商解决。

甲方: 乙方:

   (加盖公章)   (加盖公章)

代表签名: 代表签名:

日期: 日期:

第三节　服装表演过程中的模特管理

一、对模特职业道德的要求

模特在服装表演过程中所扮演的角色和形象与模特的职业道德有着密切的联系。模特管理人员在服装表演过程中须提醒模特随时保持一个好的形象。模特的职业特点和生活习惯均会在生活细节中不经意流露，坏习气所造就的感觉，仅靠化妆无法掩盖。

模特职业道德的基本要求包括：对待工作、训练、事业要有认真追求的态度，有敬业精神和团队合作精神；遵守行业规则，正确评价自己，尊重他人；正确评估自我，保持心态平静。比如超模 Cindy Crawford 之所以年过 30 后仍在行业内长盛不衰，既不归功于她的美貌，也不得益于她的青春，而在于常人认为最不起眼的两点：一是守时，二是容易合作。而这两点恰恰是一般模特很难做到的品质。

二、服装表演过程中的模特管理工作

模特管理人员在服装表演过程中，主要根据服装部门和表演部门的要求，做好模特的联络通知工作，包括试衣通知、排练和彩排通知、演出通知以及薪酬结算。个别模特还会接到化妆发型的试妆通知。在此期间，模特管理人员通常不干涉服装部门、演出部门对模特的工作安排，但须处理与模特有关的应急工作。同时在具体的工作中，模特管理人员要提醒其他部门合理安排模特工作，避免产生矛盾。

1. 试衣过程中的模特管理工作

模特通常会被要求参加试衣。模特参加试衣要守时，事先做好化妆、发型和穿戴准备，化妆以生活妆或裸妆为宜。模特在试衣过程中要与服装设计师、穿衣助理、摄影师等工作人员友好合作，不表现出个人对服装的喜好。

模特的试衣时间一般不能超过演出合同规定的时间。模特管理人员要及时提醒并协助服装部门安排模特试衣时间和试衣顺序，避免产生所有模特同时试衣的非专业现象。如果试衣时间超过演出合同规定时间，经纪公司或者模特个人会提出增加报酬给付，这是合理的要求。

2. 排练过程中的模特管理工作

模特参加排练时要有团队精神，要配合导演和其他同事，不厌其烦地反复编排。

参加彩排时，模特一般要自备一套化妆用品和一系列配饰，包括珠宝、手套、腰带、围巾、贴身内衣、无带胸罩、长筒丝袜、头巾等。随时注意保持整洁、干净的工作环境，看管好自己的随身物品。

模特在排练过程中要小心呵护服装，穿好服装候场时绝不能坐下、靠墙、吃东西、喝饮料、抽烟；退场后要尽快归还服装，交给穿衣助理或者挂在龙门架上保存。

如果服装表演中，模特管理人员事先确认的报酬是完整报酬，一般已经包括了模特参加排练费用。通常模特只参加合同规定的排练次数，多加的排练场次须加收半场演出费。如果模

特工作连续超过 8 小时,模特有权提出抗议,并要求给付加班费。

3. 正式演出时的模特管理工作

正式演出时模特要按规定时间提前或准时到达演出场地,保证有足够的时间准备演出。模特穿衣或脱衣时一定要在更衣区、地面被覆盖好的区域内;穿脱套头服装时要用头巾罩住头部、面部,既保护服装避免沾上化妆污垢,又使模特的发型和妆面免遭破坏;模特一旦换好服装就不能坐下、倚靠;迅速换装、列队,听从指挥人员指示;登台演出精神饱满、泰然自若、小心谨慎,无论在舞台上发生什么情况都要将演出进行到底。

承担演出任务的模特不可把朋友、宠物等带入后台,也严禁烟、食品和有色饮料带入演出后台的非生活区域。

4. 费用结算

国内模特经纪人通常与模特如影相随,经常要求雇用方在演出结束后第一时间内结算费用。个体模特通常也会要求雇用方在表演结束后结清费用。因此模特管理人员要与财务沟通在服装表演的当天准备好足够的现金。

国外多数经纪公司利用结算系统为客户结算模特所做工作,通过结算表来实现模特、客户以及经纪公司之间的费用结算,费用支付方式很少采用现金,而是通过银行转账、个人信用卡等。表 4-7 所示是根据国外模特经纪公司的结算表样本修改所得。目前,国内模特行业尚未形成这种规范、透明、良性循环的结算系统。假以时日,随着模特业在中国的日趋成熟及国际交流合作的广泛影响,模特费用的结算系统定能在中国得以推广。服装管理人员也可以尝试运用结算系统进行费用结算。

表 4-7　模特费用结算表

活　动				时　间	
地　址		邮　编		联　系	
产　品		客　户			
意　见					
模　特:＿＿＿＿＿＿				酬金:＿＿＿＿＿＿	
试装日期		时间:从＿＿＿＿＿＿到＿＿＿＿＿＿		金额	
排练时间		时间:从＿＿＿＿＿＿到＿＿＿＿＿＿		金额	
演出时间		时间:从＿＿＿＿＿＿到＿＿＿＿＿＿		金额	
其　他				金额	
经纪公司代理费		＿＿＿＿＿＿%酬金＿＿＿＿＿＿		金额	
花　费				金额	

模特授权书
　　在承认以上数据的情况下,本人特此出售、分派或授予版权给上述个人、机构及其继承者。其可以出于合法目的使用、复制本人肖像的全部(或者部分,须具体说明),不包括违背道德;模糊、歪曲形象;以合集的形式出版以及任何形式艺术加工的版权使用。
　　本人特此放弃含有本人肖像的已完成作品或广告作品的审查与许可权。
　　本授权自酬金付清之日生效。
　　客户:＿＿＿＿＿＿
　　模特:＿＿＿＿＿＿
　　付款期限:30 日。　　　　　　　　　　　　　　　　　总额:＿＿＿＿＿＿

结算表登记着模特工作时间、报酬和授权。结算表通常一式三份或四份,其中 1～2 份交给模特经纪公司,一份留给客户存档,一份留给模特备查。

5. 模特评估

服装管理人员在服装表演的过程中,需随时提醒模特保持个人良好形象,认真对待工作;遵守行业的规则,正确评价自己,尊重他人劳动。表演结束后,服装管理人员应汇同其他相关部门对参加演出的模特进行职业道德和业务水平评估,不符合评估要求的模特,将不再聘用。

6. 模特管理的协调

虽然在服装表演过程中模特管理人员主要的工作是联络模特,但模特管理人员仍需明确本部门工作与其他部门的关系,保证其他部门对模特的工作安排和管理。

表 4-7 所示为服装表演过程中模特管理的非配矩阵,该图注明了在服装表演过程中模特管理人员的工作职责以及与其他部门的关系。表 4-8 纵向为具体工作,横向为组织成员或部门名称,纵向和横向交叉处表示模特管理人员与其他部门在具体工作中的职责。字母"P"表示主要责任,"S"表示次要责任。

表 4-8　服装表演过程中模特管理的非配矩阵

工作		模特管理	服装助理/穿衣助理	化妆造型	导演/执行总监	导秀/联络员
序号	工作内容描述					
1	试衣	S	P		S	
2	试妆	S		P	S	
3	排练	S			P	
4	彩排	S	S		P	
5	演出前化妆	S		P	S	
6	演出中抢装		P	P	S	S
7	表演		S		P	S
8	费用结算	P				
9	评估	P	S	S	S	S

第四节　模特的管理运作模式

一、团队制

服装表演最早出现时没有固定的人员,由组织者为了演出需要临时招募模特。如前文所述,法国设计师 Jean Patou 在美国《Vogue》杂志的共同合作下,在巴黎从 500 多名应聘者中挑选出 6 名模特首开模特职业先河,对 20 世纪初模特团队制度的发展做出了功不可没的创始之举。随着服装表演的日趋频繁,拥有固定服装表演人员的服装表演团体开始形成。20 世纪 30

年代,欧美十分活跃的世界著名妇女组织——Fashion Group,由 75 名服装负责人组成并拥有一批固定的模特。模特在负责人员的安排下,有计划地在美国以及国外演出,发布流行信息,推广最新服装设计作品。

团队制的特色是模特在团队中享有固定工资,如参加演出获得收入,其个人获利由团队责任人决定,一般无固定标准,并且模特受管理也较为严格。这种管理方式在当今中国仍不少见。

中国的团队制组织中,除艺术指导等专业业务人员以外,还有一位重要的负责人——领队。领队一般由团队所属上级单位指派任命,有较强的责任心与原则性。领队可以决定是否承接演出以及选定演出人员名单,对模特的招聘、待遇以及表演的编排都有发言权,因此是一位拥有实权的人物。

中国的团队制组织中,成员的固定收入最初是由上级单位决定与支付,近年来采取承包或经济独立的运作方式,成员的收入全部或绝大部分由表演收入承担。领队为此需要争取更多的任务,创造更多的收入,并在培养模特表演技能上下功夫,以创造较好的工作条件与收入水平。从这些角度而言,领队的作用已具有部分经纪人的性质,但领队毕竟是以团队为基础的工作人员,工作范围尚有一定的局限性。

二、代理制

代理制是一种比团队制更为先进的管理方式。它通过签约方式建立公司与模特之间的关系。世界上最为著名的模特代理公司包括 1946 年美国人 Eileen Ford 及丈夫 Jerry Ford 成立 Ford 模特经纪公司、1971 年 John Casablanca 和 Alain Kittler 创办了 ELITE 模特经纪公司。当今模特界存在最普遍的管理方式即代理制,或称经纪制。中国第一家模特经纪公司是 1992 年在北京成立的新丝路模特经纪公司。

模特经纪公司在模特与市场之间起着中间人的作用。一方面,它与许多服装公司、设计师、专卖店等各种服装企业甚至娱乐行业有着良好的、密切的联系,大部分经纪公司拥有固定客户,一旦需要,客户就会与经纪公司联络,告知要求,由模特经纪公司推荐合适模特以供挑选。另一方面,模特经纪公司由专人负责在国内乃至世界各地物色、招聘与培养模特,并为模特建立档案,制作有关宣传资料,为模特进行宣传。

作为中间人,模特经纪公司与模特在经济上的关系通过提取经纪费建立。在模特经纪公司与模特签约时,就双方的责任与义务有清晰的阐述,经纪费的提取数目与方式也有明确规定,这是代理制与团队制最大的不同。

与团队制相比,模特经纪公司面对的市场更大,经营方式也更灵活,因此所拥有的模特种类多,不仅包括走台模特,也有一定数量的摄影模特与试衣模特,并且气质、风格各异。规模较大的模特经纪公司甚至在全球设立分支机构,通过电脑联网对模特档案加以综合管理,更利于相互选择与交流。

采用模特经纪公司的职业模特,事宜交涉可不必与模特一一对话,而直接与经纪公司沟通,由经纪公司统一管理安排,职业模特业务水平高,演出自备用品齐全,无需多操心,多花费。与模特经纪公司合作,操作规范,合同化、合法化,对模特、用人机构、经纪公司三方都有保证,是目前较为理想的模特管理方式。

三、模特经纪公司排名

模特经纪公司排名是模特经纪公司综合实力的体现。

由于知名模特在不同的国家、地区可能隶属于不同模特经纪公司(如表 4-9),因此,目前模特公司的排名主要根据其在世界四大时装周所在地纽约、伦敦、巴黎和米兰地区的表现分别进行排名。

表 4-9　中国知名模特国外所属模特经纪公司(截止至 2009 年 9 月)

模特	Top 50 排名	所属国外经纪公司			
		纽约	伦敦	巴黎	米兰
杜　鹃	39	IMG	IMG London	IMG Paris	IMG Milano
刘　雯	44	Marilyn Model	Select Model	Marilyn Agency	d'management
莫万丹	/	/	/	IMG Paris	/
裴　蓓	/	IMG	/	/	/

根据 Models.com 在 2009 年 9 月公布的信息,表 4-10 所示为纽约在代理女模特方面实力最强的 12 家模特经纪公司。该排名根据四方面因素综合考虑,包括该经纪公司拥有世界50 强模特、世界偶像模特 20 强,世界最能赚钱模特 25 强以及 2008 年世界最性感模特 20 强的数量。

表 4-10　纽约 12 大模特经纪公司(女)排名表(截止至 2009 年 9 月)

No.	Agency	Top 50 Female	Top 20 icons women	Top 25 Money girl	2008 Top 20 Sexiest women
1	IMG	10	9	10	5
2	Women Model	12	3	5	4
3	Supreme	10	1	/	/
4	Next Models NY	9	1	3	/
5	DNA Models	7	4	3	2
6	Marilyn Model	6	1	2	/
7	Elite New York	3	2	3	/
8	Ford Models	2	/	/	/
9	1 Model	1(11)	2	1	/
10	Major Model	1(13)	/	/	/
11	New York Model	1(16)	/	/	/
12	Trump Management	1(25)	/	/	/

根据 Models.com 在 2009 年 9 月公布的信息,表 4-11 所示为纽约在代理男模方面实力最强的 10 家模特经纪公司。排名根据两方面因素综合考虑,包括该经纪公司拥有世界 50 强模特、世界 10 强偶像模特的数量。

表 4-11　纽约十大模特经纪公司(男)排名表(截止至 2009 年 9 月)

No.	Agency	Top 50 male	Top 10 icons men
1	DNA Models	9	1
2	Wilhelmina New York	8	5
3	Major Model Management	7	/
4	VNY Model Management	7	/
5	New York Model Management	5	1
6	Red Model Management	3	/
7	Fusion Models	2	/
8	Request Model Management NY	2	/
9	CLICK	1(7)	/
10	Next Models NY	1(16)	/

　　令人遗憾的是,中国至今尚未形成公认的模特经纪公司排名方法。同时,模特经纪公司的运作没有统一规范,与世界一流模特经纪公司的综合水平相比差距甚远。中国的模特经纪公司能否正确把握各行业客户需求,树立行业道德,形成由经纪公司、客户、模特三方面共同遵守规范化章程,是中国模特经纪公司发展必须直面的难题。

思考题:

1. 设计一份个人的模特卡,并简述照片挑选和版面设计的理由。
2. 结合本章节的内容,分析中国模特发展以及模特经纪公司发展的不足之处。
3. 通过学习本章节内容,谈谈对模特管理工作的认识。

第五章 ‖ 后 台 管 理

第一节　后台管理的分析决策

　　服装表演后台是一个不为观众熟知的神秘空间，也是一个演职人员繁多、物品密集度很高的区域。在服装表演中，模特在台前优雅从容地展示服装，观众在音乐灯光中安静地欣赏表演，气氛融融。普通观众通常无法想象后台的忙碌景象。当模特消失于观众视线，进入后台，往往一改台前的优雅从容，迅速、紧张地回到各自的工作区域，在工作人员的协助下，用常人无法感受的，以秒计算的时间，瞬间完成脱衣、穿衣和补妆，其有条不紊的紧张气氛与前台形成鲜明对比，俨然两个世界。

　　因此，为服装表演的演职人员准备一个理想、舒适、有序的后台（如图 5-1）是一项非常重要的工作。后台提供的幕后工作是支撑与保障服装表演成功的关键。只有前后台默契配合、步调一致，同时借助舞台、背景、灯光、音响、多媒体的氛围渲染，服装表演才会绽放出应有光彩，从而帮助服装表演的主办方、策划者实现服装表演预期的艺术构想。

一、后台概述

1. 后台的功能与主体

　　后台的主要功能是为其核心即表演用服装、服饰以及参加表演的模特主体提供优质、专业的服务。

　　用于服装表演的服装、服饰是服装表演展示的产品，是服装表演最终展示的对象和服装表演举办的意义所在。模特是展示服装、服饰的载体，表演必须通过模特实现对服装、服饰的展示。在服装表演后台，工作人员的工作主要是为"服装、服饰"和"模

图 5-1　20 世纪 50 年代巴黎时装周后台

特"提供专业服务。

　　参与后台工作的各部门工作人员应该围绕"服装、服饰"展开工作,视上述工作为核心;同时将"模特"视为后台的主体服务对象,并为其提供相应的艺术性、技术性与管理性相结合的高层次服务(如图 5-2)。

图 5-2　后台工作人员检查模特的着装情况

2. 后台管理的主要工作

　　服装表演后台管理工作是否有序、工作是否有效,首先取决于后台的场地条件。如果后台具备足够空间、设施齐全,无疑为服装表演的成功举办创造了先决条件。

　　当然,即使后台具备服装表演所需的一切硬件设施,后台工作仍然离不开科学管理。根据服装表演的特点,可以将后台管理工作简单归纳为下述四个部分:服装、饰品管理;场地区域的划分与管理;各部门工作人员协调管理以及提供后勤服务与保障等。

　　(1)服装、服饰等物品的管理

　　服装、饰品的管理是后台工作的重点。在服装、服饰达到后台前,必须安置好一些工具,包括龙门架、衣架、熨烫工具、缝补用品和工具、穿衣镜等。用于表演的服装、饰品抵达后台后,需要经过一系列的准备工作:包括服装的整理、熨烫、修补、修改以及饰品的搭配等。在后台,服装助理按照演出中的服装排序预先将服装按套吊挂在龙门架上,并为每套服装准备好搭配用的饰品以及模特的试衣照。表演过程中,模特在服装助理的帮助下严格按照试衣照要求换上表演服装,依次进行表演。演出结束后,服装助理要在后台及时清点服装、饰品,统计服装的损坏情况并整理打包,同时整理收纳其他用具,以备下一场演出使用。这部分工作的最终目的是通过对服装、饰品、其他物品的管理,保障演出中模特穿着正确的服装,按照表演的正确顺序,及时地出场表演。

　　(2)场地区域的划分和管理

　　后台是一个整体,工作人员众多且都有不同的工作分工。为了保证各部门工作区域的相对独立性,同时确保整体工作流畅、有序地进行,工作人员需要对后台进行认真规划,根据场地的实际情况,合理划分区域,进行有效管理。

（3）工作人员协调与管理

后台工作人员来自服装表演的不同组织部门,包括演出部门、服装部门、模特管理部门以及隶属于后台管理本身的工作人员,人数众多。上述部门和工作人员在前期准备工作中保持相对独立,即使相互间一直保持联系、合作与协调,在现场仍然会出现摩擦,包括不同工作方法之间的差异,以及对细节工作的理解与执行等。

后台各部门工作人员的协调与管理,首先要确定导秀或演出总监在后台的核心地位。当工作出现争议或发生突发情况时,各部门不得擅自决策或者行动,必须听从导秀或演出总监的统一指挥。同时,各部门工作人员还需以前期工作中已完成的图表为准则,严格执行试衣照和服装排序表的要求。

（4）后勤服务与保障

后台自身的工作人员必须确保后台设施的正常运行,包括电源、照明、空调等,时刻注意保持场地清洁与环境舒适,保证所有工作人员的财物安全,并为工作人员提供必要的餐饮服务。

二、理想的后台

服装表演中比较理想的后台格局是:除了具有更衣区之外,整个后台空间宽敞,设施齐全,还备有化妆区、生活区、休息区以及最为关键的通道等。在工作区域内,每名模特都配备专用的龙门架,男、女模特的换装区域被简单划分,每名模特配备一名换衣助理协助工作,有专门的区域用以服装熨烫、整理,在距离出台口较近的地方设置专门区域吊挂相关的饰品,统一摆放鞋、帽等。

所以,服装表演的理想后台通常应包括更衣区、候演区、化妆区、生活区四大区域与通道,整个后台区域面积大小应与表演前台面积大小几乎相等。

1. 更衣区

更衣区是服装表演后台绝对不可缺少的区域,是服装表演前台演出的基本保障,如图 5-3

图 5-3 Giorgio Armani 2010 年春夏 工作人员在后台更衣区内紧张工作

所示。理想的更衣区应包括服装陈列区、图表展示区、道具与大配饰区以及服装整理区。更衣区要求有足够大的面积,能容纳设计师、服装样衣师、服装搭配师、穿衣助理、模特、演出催场员等大量人员。条件较好的演出后台还会在更衣区为模特准备穿衣镜,便于设计师和服装助理检查模特服装的穿着情况。

（1）服装陈列区

服装陈列区是用于演出服装的陈列与模特更衣、抢装的区域。为了加快模特在演出过程中的换衣速度,陈列服装的区域和模特更衣的区域可以合并在一起。陈列区要求有足够的照明和宽敞的空间面积,足够容纳各种服装,包括夸张造型和富有体积感的服装设计作品、龙门架、衣架、饰品以及参加演出的模特们、穿衣助理、搭配师、设计师等。

（2）图表展示区

展示区所展示图表包括整场演出的流程表以及模特出场的顺序图和表,一般可展示在后台最为显眼的墙面位置,如更衣区、候演区的墙面,舞台背景板背面等位置,不需要额外的专用空间。图表展示的目的是为所有后台工作人员提供参照,故此可在后台的不同位置展示多份。

（3）道具与大配饰区

该区域主要用于置放演出配饰与道具,包括艺术性表演的舞台道具以及表演用的大配饰等。同时,在该区域内也用于置放演出共用的配饰等,譬如,伞、包、鞋、帽等。模特换好演出服装后,由穿衣助理按照要求为模特作搭配。

道具与搭配师区域应设置在后台的候演区和快速更衣区之间,空间要求不大,能置放陈列所有道具和大配饰即可。

（4）服装整理区

服装整理区是用于服装的熨烫、修补和修改的区域。服装表演中服装起皱或受损是时常会发生的事情,服装部门随时需要熨烫、修补服装。此外服装修改工作也偶有发生,彩排或临时调换模特时,如果发现服装与模特不匹配,譬如裙摆过长,腰身过大等也需要临时修改服装。

服装整理区的面积不宜过小,由于熨斗、针线等工具容易造成危险,该区域应避免拥挤、混乱,可以安置在更衣区内远离舞台出入口的一角。

2. 候演区

（1）等候区

等候区是模特按演出顺序列队等候上台演出的区域。等候区域应紧接舞台入口,可以只是一条通道。等候区域内通常也需准备一面全身的穿衣镜,便于最后一次检查模特服装的穿着效果。

（2）快速更衣区

在候演区附近还需要设置模特抢装、补妆和改妆的区域,通常可称为快速更衣区。

在服装表演编排中由于种种原因导致使用较少的模特,或者在演出过程中个别模特发生意外不能按照演出顺序循环上场时,都需要模特快速抢装。服装表演后台通常会在候演区设置一个快速更衣区,缩减模特换装所需的来回路程,节省模特换衣时间。快速更衣区通常由穿衣助理协助模特换衣。该区域面积不需很大,但要求便捷、畅通。

同样原因,模特的简单补妆、改妆一般也在快速更衣区,由化妆师与造型师协助模特共同完成。

3. 化妆区

服装表演的化妆区域要求有足够大的空间,一般备有充足数量的化妆镜,以及符合化妆要求的专业照明、设施、设备等,如图 5-4～5-7 所示。条件完善的演出后台会为每位模特准备一个工作台、一个工作椅和一面化妆镜。

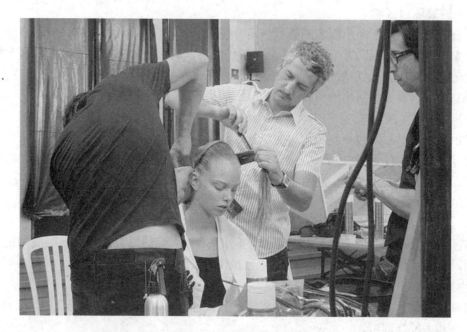

图 5-4　发型师为模特造型

图 5-5　化妆师为模特化妆

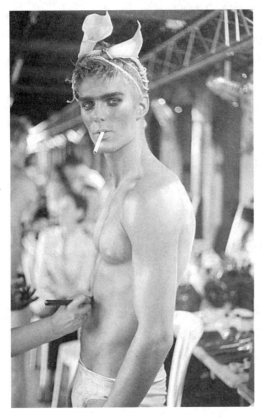

图 5-6　John Galliano 2010 春夏化妆师为
男模特勾画腹肌形状
（注意此照片中模特的烟并未点燃）

图 5-7　化妆区工作照

化妆区位置可以距离舞台入口稍远。如果在演出过程中需要临时、小范围调整模特的妆面和发型，可以安排在快速更衣区内完成。

4. 生活区

理想的后台应该设置生活区。生活区主要为模特提供服务，是模特在未穿演出服时生活休闲的场所，也是提供就餐的场所。生活区域可以统一设置橱柜，专门用于摆放和储藏模特和工作人员的私人贵重财物。生活区还可以作为模特在演出间隙有充分时间休息时的活动区域，模特可以在生活区稍做调整，避免全部涌入工作场地，造成场地拥挤。

5. 通道

通道是指在后台工作区域内各职能区域间的流通和衔接通道。通道设计应保证道路平坦、宽敞、通畅，便于工作人员活动自如。通道通常以直线为主，避免回路和死角，且尽可能简短。

作为特殊通道，后台外部的出入口需明确，内部出入口则需有一定高度的屏障遮蔽视线，避免观众通过出入口看到后台内部杂乱无序的人员流动。

三、后台管理的分析决策

在服装表演具体的组织工作中，关于后台管理工作的分析决策既最为简单也最为复杂。

之所以简单,是因为所有服装表演涉及的后台工作完全一致,可以被简化,但绝不会被取消;之所以复杂,是因为不同服装表演的后台位置、空间大小、形状、设施条件截然不同,后台区域划分不能套用书面理论或者以往工作经验,理论和经验在实际工作中只能起到借鉴作用,必须根据实际情况灵活处理。

对于条件不甚理想的后台,后台管理者需保持良好的心态。后台是既定的,抱怨不能解决任何实际问题,管理者必须面对各种不同的场地和复杂状况,必须在有限的条件中完成所有的后台工作,通过与场地方的主动、及时、有效的沟通,为工作创造有利条件。

管理者在对后台工作分析决策时,其主导思想可以用一句话全面概括:因地制宜,合理处理轻重缓急。

1. 因地制宜

后台管理工作人员需充分了解后台与舞台的距离,后台的位置、空间大小及形状以及后台所能提供的设施条件,据此进行分析决策并作详细规划:在后台哪些区域必须存在、哪些区域可以合并;哪些区域可以借用后台以外的其他场所;哪些区域不得不临时搭建。

2. 合理处理轻重缓急

如果已经确定后台必须存在或需要合并的区域,后台管理工作人员还须根据具体工作在服装表演过程中的轻重缓急,决定各工作区域距舞台入口的远近,并设计通道。工作相对"重"者,距舞台入口近,相对"轻"者,距舞台入口远;所需时间"急"者,距舞台入口近,相对"缓"者,距舞台入口远。

第二节　后台分区的原则与方法

后台是物品密集程度最高的地方,是各种工作人员最为集中的场所之一。为了使服装表演各个演出环节衔接顺利,保证后台工作能有条不紊的进行,需要对服装表演的后台进行妥当安置并合理分区。

一、后台分区的原则

后台分区划分需要考虑四大原则,即空间原则、缓急原则、畅通原则、性别原则。

1. 空间原则

空间原则是指后台分区时,要满足不同工作区域对空间、面积的不同要求。

服装表演的后台是放置所有服装、道具的地方,也是模特们的换衣、化妆造型和休息之处。根据后台各区域的不同工作特点与要求,后台各区域所需的空间和面积大小可以参见表5-1。表5-1以"1、2、3、4"等阿拉伯数字表示各工作区域所需面积的对比大小。"1"代表区域空间面积最大,"4"代表要求区域空间面积最小。

在表5-1中没有对"图表展示区"和"通道"这两个区域进行空间要求的对比分析。如上文所述,由于服装表演后台一般将图表展示于墙面上,故"图表展示区"在后台不需要专门、独立的空间。同时,由于"通道"涉及到各个区域的连接与流通,故此很难以具体的空间要求来评判。

表 5-1　后台各工作区域空间要求的对比分析表

不同的后台区域		区域空间对比大小
更衣区	陈列区	1
	图表展示区	—
	道具、大配饰区	3
	服装整理区	2
候演区	候演区	4
	快速区	
化妆区		1
生活区		1
通道		—

2. 缓急原则

缓急原则是指后台分区时,要把握好不同区域距舞台入口的距离远近位置。

当后台场地过小,无法满足后台所有区域的设置要求时,工作人员可以根据各区域工作相对的"轻重缓急",参照表5-2,决策规划后台分区,包括该区域设在后台还是临时调整出后台,以及后台中该区域距舞台入口的位置远近。

表5-2同样以"1、2、3、4"等阿拉伯数字表示各工作区域的相对重要程度和距离舞台入口位置的远近。"1"代表该区域相对最为重要,应距离舞台入口最近;数字越大,表示该区域相对而言更适合被临时调节出后台,如果该区域在后台,其距离舞台入口的距离越远。

表5-2没有对通道作重要度和距离舞台入口位置远近的分析。通道是后台最为重要的区域,不管后台如何规划,都会存在通道。由于通道从舞台入口开始一直延伸到各区域,并负责各区域之间的人员流通,所以通道不存在与舞台入口距离的说法。

服装表演图表虽然可展示于后台的任何墙面,但是在距离舞台入口处最近的位置必须张贴一份,所以在表5-2分析中它的权重系数较大。

表 5-2　后台各工作区域重要度、距舞台入口位置远近分析表

不同的后台区域		相对重要度	距离舞台入口远近
更衣区	陈列区	1	3
	图表展示区	1	1
	道具、大配饰区	2	2
	服装整理区	4	5
候演区	候演区	1	1
	快速区		
化妆区		3	4
生活区		5	6
通道		—	—

根据表5-2可以得知,不管后台场地如何简陋,后台都需保证更衣区、图表展示区、候演区及通道,随着后台场地条件的改善,可增加快速区和道具、大配饰区,或者将两者合并,随后依次可

增加的为化妆区、服装整理区、休息区和生活区。

3. 畅通原则

畅通原则要求后台分区设置为模特的更衣、抢妆工作提供便捷，并对通道设计提出较高要求。对畅通原则的分析试以图 5-8(a)、(b)、(c)为例来说明。

图 5-8(a)、(b)、(c)分别所示三种相似后台对更衣区的不同规划方式。图 5-8(a)、(b)、(c)具有相同的舞台背景，相同的舞台入口 A 和

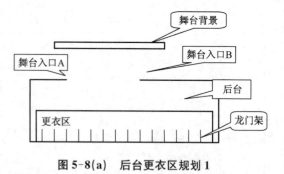

图 5-8(a)　后台更衣区规划 1

舞台入口 B。其中图 5-8(a)的后台较为狭长，图 5-8(b)的后台为正方形，图 5-8(c)的后台同为正方形但门的开口却在一侧。三种后台对更衣区的设计都充分保证了更衣区的空间、后台进出舞台的通道要求，且并未破坏后台其余空间的相对完整性，有利于其他区域的划分。

图 5-8(b)之所以将更衣区紧靠入口处安排，目的是缩短更衣区到候演区的距离，使模特节约换装的时间。图 5-8(c)中之所以将更衣区标注为更衣区 1 和更衣区 2，目的是为了在更衣区 1、2 之间保留通道，保证模特、穿衣助理能在位于角落的更衣区域中顺利工作。

当然，上述三种图示中对更衣区的划分并不是唯一的方式。

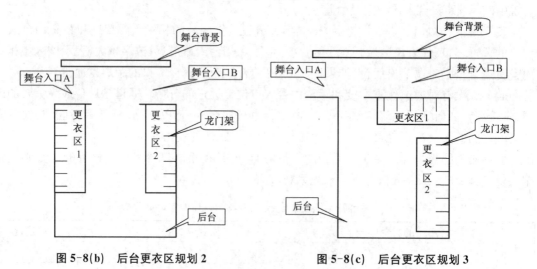

图 5-8(b)　后台更衣区规划 2　　　　**图 5-8(c)　后台更衣区规划 3**

4. 性别原则

性别原则是在后台分区时，考虑将男、女模特的工作区域适当分离。性别原则体现了对中华民族传统伦理道德的尊重，在国际服装表演和模特业内，性别问题一般不予以特别考虑。

通常情况下，如果后台空间较大，可以将男女模特的更衣区适当分离；如果后台空间有限，可以利用龙门架适当隔开男女模特的更衣空间；假设后台简陋，服装数量多，则无须考虑后台的性别问题。

二、特殊后台的管理

服装表演中理想的后台应该与舞台相连，最好在舞台背景板后。实际情况中也会出现一些特殊的后台，需要后台管理人员以特殊方式处理。

1. 后台与舞台分离

如果后台与舞台分离，会给服装表演的组织工作带来诸多不便：模特更衣更趋紧张；更衣室与舞台之间的联系不便，出现紧急情况较难采取应急措施等。后台管理人员可以考虑以下一些方案进行弥补：

① 考虑在舞台背面或者邻近区域搭建临时后台，如果条件受限，考虑是否可搭建一个临时的快速区，便于个别模特抢装。注意在搭建临时后台，必须妥善解决照明、制冷/制热以及必要的遮蔽观众视线等问题。

② 注意设计后台至舞台间的通道，以内部通道为宜，减少外界干预，确保该通道内不会出现观众、顾客等与服装表演无关人员；其次，要保证该通道路线简短、合理和安全，除非不得已，一般不要使用电梯，如非需使用电梯，电梯须在服装表演期间由模特专用；演出时间段内要求表演场地方提供保安人员协助，保证通道在演出期间安全、顺畅。

③ 请求演出设计部门帮助，修改走台表演编排方案，譬如延长模特在舞台上的表演展示时间、要求模特必须等下一位模特出台亮相后方可退场等。

④ 配备无线联络设备，方便工作人员协调，不得已的情况下，可以用手机加强联络。

⑤ 在各系列服装的演出之间，安排服装表演的讲解，为模特换装争取时间。

2. 不能连通的多个后台

如果后台为多个后台且后台间不能连通，后台管理人员可以通过以下方案进行弥补：

① 如果可以保障演出，直接弃用面积较小的后台，或者将相对次要的区域安排在面积较小的后台，利用面积较大的后台作为主要工作区域。由于安排多个后台的服装表演通常具有两个舞台入口，所以上述安排须获得演出设计部门的协助，建议导秀将模特的走台出场设计为单边出场和单边退场的编排形式。

② 配备较为完善的无线联络设备，现场由导演控制各后台的工作。

③ 将部分演出服装少，不需抢装的模特，尤其是男模特安排在面积较小的后台，并且要求其换装后迅速赶至另一个后台。

3. 没有后台

如果在商场或露天广场进行服装表演，常常会出现没有封闭后台的情况，通常都需搭建临时后台。如果临时搭建的后台空间过小，有时甚至可以放弃使用龙门架，利用椅子的靠背，将每位模特的表演服装按照表演顺序依次平铺，尽可能节约空间（如图5-9）。如果没有条件搭建临时后台，那么只能在距离舞台最近的场所寻找合适的场地作为后台，比如商场办公室、楼梯口、货用电梯甚至面积较大的卫生间等。

图5-9　平铺于椅背的演出服装

三、关于龙门架的布局设计

龙门架是指服装表演后台专门用来挂服装的可拆装的活动型衣架，具有特定的尺寸和体积。服装表演用的服装一般都按照模特穿着顺序挂在龙门架上，方便模特挂取，防止服装褶皱。龙门架旁通常还需要配备椅子方便模特换装，如图5-10所示。由于现场工作时，龙门架上挂满服装，模特和穿衣助理在龙门架旁工作，龙门架的布局往往会影响场地使用效率、通道宽敞度以及模特从更衣区至舞台入口的直线距离等，所以工作人员须慎重设计龙门架的布局。

图5-10 龙门架旁通常配备椅子方便模特换装

概括而言，在不同场地布置龙门架时，须注意应用下列布局方法：

1. 通过跳号排列以及共用龙门架创造更大的工作空间

为阐述方便，下面以某服装表演需要18名女模特的假设情况来讲解。

① 如图5-11所示，如果18名模特出场顺序为"1、2、3、……、16、17、18"，每名模特拥有一个独享的龙门架，模特的出场编号与龙门架编号一致，则龙门架的排列可以有三种方法：

• 第一种如图5-11(a)所示按照"1、2、3、……、16、17、18"的顺序单边安排模特和龙门架；

• 第二种如图5-11(b)所示按照"1、10；2、11；3、12；4、13；5、14；6、15；7、16；8、17；9、18"的跳号方法单边安排模特和龙门架；

• 第三种如图5-11(c)所示按照"1、7、13；2、8、14；3、9、15；4、10、16；5、11、17；6、12、18"跳号方法单边安排模特和龙门架。

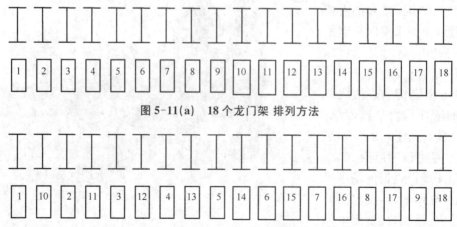

图5-11(a) 18个龙门架 排列方法

图5-11(b) 18个龙门架 排列方法

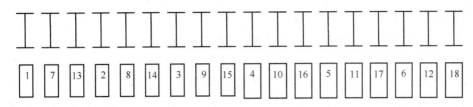

图 5-11(c) 18 个龙门架 排列方法

第一种按序号排列的方法比较简单,但是为了方便模特迅速而舒适的换装,相邻两个龙门架之间的距离必须远一些,所以占用的空间区域面积就较大;第二种方法安排龙门架时跳开 9 位号码,正好是龙门架总数的一半;第三种方法跳开 6 位号码,是龙门架总数的 1/3。后两种方式安排模特和龙门架能有效避免相邻出场顺序的模特同时换装,为模特、穿衣助理争取更多的工作空间。

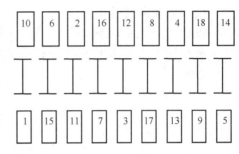

图 5-12 2 名模特共用龙门架的排列方法

② 如果演出后台面积有限,需要两名模特共用龙门架,共用龙门架的模特组合为:"1 与 10、2 与 11、……、8 与 17、9 与 18",龙门架可具体按照图 5-12 所示的双边方式排列,理由同上。

2. 龙门架布局必须保证留出通道

如图 5-13 所示,长方形场地(正方形场地)龙门架可设两排,龙门架一端靠墙,呈拉链状排列,中间留作通道;对于狭长场地可以将龙门架贴于墙面,与墙面保持平行放置,最大限度留出位置用于通道。

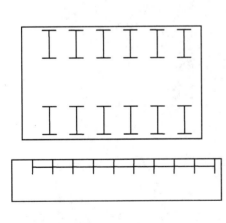

图 5-13 长方形(正方形)、狭长场地的
龙门架布局方式

图 5-14 龙门架横向排列的间距要求

如图 5-14、5-15 所示,如果龙门架纵向排列,其纵向间距一般不作特别规定,可以紧贴。如果龙门架横向排列,相邻两个龙门架之间的距离至少应保持 1.2 米以上。此外,通常须将龙门架的高度调节在 1.5～1.6 米范围内,以方便穿衣助理和模特工作,特殊服装视具体情况调

节龙门架高度。

3. 龙门架布局以缩短模特从更衣区至舞台入口的直线距离为佳

如图 5-8(a)、图 5-8(b)所示,如果舞台有两个入口,后台可在舞台入口两侧对称地安排龙门架。如果演出中各模特表演的服装数量不等,可将服装数量最多模特的龙门架尽量安排在靠进舞台的位置,方便该模特抢装。越难穿、脱的服装、面积超级庞大的服装,可以事先将其安排于快速区的龙门架上,缩短模特行走距离,争取更多的抢装时间。

4. 灵活布局龙门架

如图 5-16 所示,在不规则墙角,龙门架之间不得以图示错误方式安排,造成死角。如果后台场地不规则,连续出现墙角,建议如图 5-16 所示将龙门架统一按 45°倾斜,龙门架之间相互平行安排。

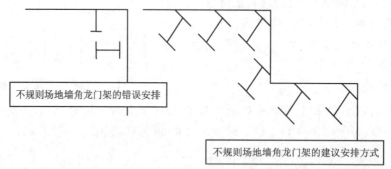

图 5-16　不规则墙角龙门架的安排

图 5-15　龙门架纵向排列的间距要求

图 5-17　龙门架高度与服装的匹配关系

5. 选择合适的龙门架种类

由于龙门架种类繁多,具体选用时,要注意以下一些参数指标。

(1) 长度、宽度和高度

从服装的实际情况出发,考虑龙门架的长度、宽度和高度是否与服装匹配。图 5-17 中所选用的龙门架明显与服装的长度不相匹配。

（2）选用可调节高度的龙门架

通过调节螺栓或者可调节脚垫调节龙门架高度，如图 5-17 所示的礼服，其龙门架高度至少须调节至 1.7 m。

（3）龙门架的材质要求

一般宜选用不锈钢材料，尽量避免选用塑铝材料制成的龙门架。

第三节　后台工作人员与设备

上文所述，后台工作人员来自服装表演的不同组织部门，包括演出部门、服装部门、模特管理部门以及隶属于后台管理本身的工作人员等。各部门的工作人员需要明确个人的工作岗位与职责，相互协调，确保后台工作顺利完成。

一、工作人员

1. 后台总管

后台总管往往兼任演出总监之职，对后台整体工作全面负责。

后台总管的工作职责是配合导演，控制把握服装表演的整体节奏和进程，包括服装的正确出场顺序，模特正确上场时间以及道具的正确上下等。在服装表演中，演出总监常会佩戴附有微型麦克风的耳机，保持与秀导、音乐师、灯光师的联系，指挥工作人员更换道具，提醒模特及时准确地出场，使服装表演按照计划进行。

2. 主要工作人员

岗位在后台的主要工作人员包括：催场员、检查员、服装助理、穿衣助理、化妆师、造型师、设计师、搭配师等。由于模特是后台工作的对象，一般不把模特列入后台工作人员范围。

（1）催场员

催场员的职责是配合演出总监，在服装表演中根据演出顺序即服装的最终排序，督促模特迅速换装后在侯场区按演出顺序列队等待出场。催场员必须熟知服装的演出顺序和模特的出场顺序，并对模特形象记忆无误，提醒模特不能穿错服装或抢先出场。由于后台空间有限，催场不宜过多，可以在后台安排 1 名催场，听从演出总监调遣，督促模特的换装速度和检查后台模特的出场顺序。

（2）检查员

一场演出如果没有熟悉服装、配件及道具的工作人员对每一位候场模特作最后检查，则表演出现细节失误在所难免。为每一位候场模特作最后检查是检查员的职责所在。检查员通常由服装管理人员兼顾，在模特试衣、排练时就已开始工作，随时记录每位模特的服装、配件、道具，并随情况变更及时纠正。表演进行时，检查员会对每位即将上场的模特作整体检查，一旦发生错误必须以最快的速度纠正。

（3）服装助理

服装助理主要配合完成服装的运输、排序和试衣工作；负责服装的整烫、修补、安全问题以及制作服装号码牌、演出顺序表等。服装助理需要具备专业的熨烫、修补服装的技能。模特试衣时服装不合适,负责修补的服装助理可以立刻根据模特的体型加以修改;如果某位模特因故不能上场而让其他模特替代,也可能需要服装助理对服装进行修改。服装助理一般聘请手艺娴熟的工艺师、缝纫师担当。

（4）穿衣助理

穿衣助理的主要工作是作为助手帮助模特穿、脱服装。穿衣助理一般在模特试衣、彩排时开始工作,熟悉模特和服装。大型服装表演一般为每位模特配备一名穿衣助理。国外通常会聘请时装院校的专业学生担任服装助理。

穿衣助理的具体工作包括:①熟悉服装的上场顺序以及每套组装的组成、配件与道具;②训练如何最快地帮助模特穿、脱服装;③演出前清点服饰,按服装的正确顺序整理龙门架,检查每套服装的组成、配件和道具,如果发现服装需要修补、熨烫,须及时将服装交给服装助理;④事先解开所有服装的拉链、钮扣。注意不必解开全部拉链与钮扣,以方便穿着为宜;⑤模特穿衣时将服装正面交给模特,帮助模特拉紧拉链、系好钮扣,为模特找出相应的鞋,递上配饰与道具;⑥模特脱衣时,帮助模特解开身上服装的钮扣、松开拉链,帮助模特脱鞋;⑦在快速区等待模特,配合模特抢装;⑧模特候场或演出时,抽空整理模特换下的服装,归还至衣架;⑨演出结束后清点服饰,按服装的正确顺序整理龙门架;⑩如果模特更习惯自己穿戴服装,穿衣助理只需及时解开服装的钮扣与拉链;帮模特换鞋,以及递上配饰与道具,切不可阻碍模特动作。

（5）化妆师、造型师

大型的、要求较高的服装表演常常需要专门的化妆师与发型师,根据演出主题风格为模特们设计妆面和发型。商场或一些小型场所的简单表演常常不需要专门的化妆师与发型师,由模特自己负责化妆与打理发型。

化妆师、造型师的主要工作是在服装表演的准备阶段为演出试妆、定妆,在正式演出前,为模特逐一化妆和制作发型。演出过程中,如果模特由于抢装、换装出现脱妆、发型散开,或者模特需要改变造型风格时,化妆师及造型师还需及时为模特补妆、整理发型、修改妆面。化妆师和造型师应自始至终在演出后台工作。

3. 后勤工作人员

（1）后勤主任

后勤主任的主要工作包括协助处理各种杂事,维持后台秩序及安排膳食。

（2）保安人员

服装表演中通常为后台配备保安人员。

后台的物品分为两类:一类为表演用品,另一类为工作人员及模特的私人用品。服装表演的服饰经过精心挑选或制作,拥有相当的价值,皮毛服装及高级女装尤其如此。首次发布的服装,其设计、面料、纹样均为商业机密。为方便起见,服装表演中工作人员及模特的私人用品通常集中于生活区。保安人员从服装表演排练开始一直到正式演出,都需对后台加以严格看管,确保后台物品安全。

为安全起见,后台通常严禁吸烟。无关人员除非特别允许不可进入后台,保安人员须加以监督。另外,在训练及演出结束后,保安人员还要对后台各种设施加以检查,确保其安全。

（3）清洁员

在排练和演出过程中,后台不可避免地会产生许多废品和垃圾,清洁人员要及时清理,尤其是工作区地面,由于模特在该区域经常赤脚走动,清洁人员须及时检查,避免利器刮伤模特。

（4）照明、空调管理员

后台需配备专门人员管理照明和空调。后台照明需达到化妆要求。后台温度应调控在某一适宜的、恒定的状态。温度过高，模特在紧张的演出过程中容易出汗，影响抢装速度，妆面极易受损；温度过低，模特容易受凉生病。

二、后台所需设备

服装表演过程中，后台管理人员可参照表5-3，检查各区域需备齐何种工具、物品，及时准备或补齐，如图5-18、5-19所示。

表5-3　后台所需设施、工具与物品核查表

基本设施：水、电、空调、照明	
区　域	设备与物品要求
陈列区	龙门架、衣架、椅子、地毯或大垫布、头巾、别针、穿衣镜、服装吊牌、试衣照、模特个人的着装顺序表
图表展示区	笔、胶带、订书机、各类演出顺序表（如图5-19所示）
服装整理区	蒸汽熨斗、烫衣板；大桌子、椅子；剪刀、针线、松紧带
候演区	耳式对讲机、演出顺序表
区　域	设备与物品要求
化妆区	化妆台镜、各类化妆及发型用品（如图5-20所示）多用插座
生活区	桌、椅、急救箱

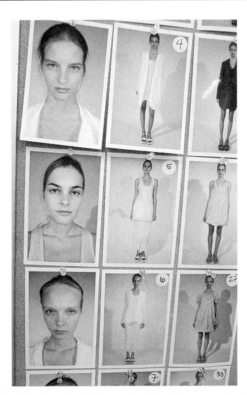

图5-18　Calvin Klein 2010年春夏 演出顺序表

图 5-19　Giorgio Armani 2010 年春夏 假发

思考题：

1. 试对图 5-20 所示的后台进行分区，说明分区理由。

2. 某场服装表演共使用 28 名模特参加演出，其中 18 名女模特，10 位男模特。女模特每人需穿着 3 套服装，男模特每人需穿着 2 套服装。后台如图 5-21 所示。由于后台场地狭小，只能摆放 8 个龙门架。请设计更衣区位置与龙门架的排列方式。

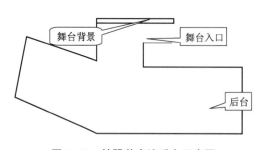

图 5-20　某服装表演后台示意图

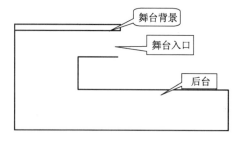

图 5-21　某服装表演后台示意图

第六章 ‖‖ 舞台灯光音响管理

第一节　舞台灯光音响管理的分析决策

萌芽期的服装表演多为平淡的商业展示，演出形式十分朴素，没有音乐伴奏，没有专门舞台，更没有灯光、背景。时至今日，服装表演已成为一门综合性的表演艺术，发展成声、光、色、形等多维的、视听感官的创意空间。组合后的服装单品在服饰品陪衬下，通过模特展示，在舞台、灯光、音乐形成的艺术氛围中，得以二度创造。

毋庸置疑，舞台、灯光和音乐为服装表演创造了一个富于形式美感的艺术空间。随着时代变革和科技的进步，由舞台、灯光、音乐构成的服装表演的视听空间，表现手法日趋丰富。电脑程控技术、多媒体技术、网络技术、新型舞台装置、新光源、灯具改革、全息图、Midi 等在服装表演中的广泛运用，赋予服装表演更艺术化的视听价值、更高的审美情趣以及更宽泛的商业价值和媒体效应。

因此，作为服装表演的最重要的辅助手段，舞台、灯光和音响管理成为服装表演组织工作中必不可少的环节。

一、舞台灯光音响管理的首要工作——安全工作

舞台灯光音响从设计到使用，集技术、艺术为一体。舞台灯光音响的设备既要满足服装表演的艺术需要，又要达到摄影、摄像的要求，既要营造艺术氛围，又要创造良好的现场气氛，其配置必然是一个庞大的机电系统工程。对于一个需要如此规模却又临时搭建的机电体统来说，安全防范工作自然成为管理中的首要工作。

安全防范工作主要包括：用电安全、防火安全、施工安全和操作安全四个方面。

1. 用电安全

（1）电荷承载

服装表演的音响灯光系统是临时设施，用电量大，所以服装表演的场地必须满足灯光音响设备的电荷承载要求并留有余地。留有余地是指在服装表演现场通常至少要预留一个备用电源，这是安全用电的基本常识。

（2）电源的供应形式

音响、灯光设备工作条件的特殊性决定了其对场地电源供应形式的特殊要求。灯光设备应尽量采用多相供电,供电线路中一定要有保护地线(零线)以保证用电安全;线路的各相功率尽量配平,达到稳定电网的目的。音响设备一般采用单相220 V电流,由于工业用电和灯光用电会对音响设备产生干扰,并且这种干扰轻易就会被人察觉,所以在供电形式上应尽力避免干扰产生。一般来讲,音响系统的供电线路与灯光供电线路要分开布线,音响设备的电源应取自供电线路中干扰较小的一路,条件许可的话,尽量单独取一路或者避开工业设备或其他动力设备使用的那相供电线路,另外在用于场地照明的供电电路中取电。

(3) 户外的用电防范

户外的服装表演必须充分估计到恶劣气候条件下的用电安全。在户外通常均应选用防水型配电箱、接插件、灯具等。如果采取其他防雨措施以不能影响电气设备的散热为宜。

2. 防火安全

服装表演现场为"公共场所",人员聚集、流动性大。音响灯光设备除了要达到消防规范的各种要求外,还要考虑与防火有关的一些问题。服装表演中音响灯光系统的许多电器电线分布在观众、舞台表演活动区域,与舞台、人员等交汇,成为服装表演中的电气火灾隐患。

特别需要重视的是灯光系统中由电光源转化的热量。光源发光时通常只有不到20%的电能转化成了光能,绝大部分电能都转化成热能。由于灯光系统中的灯具大部分为大功率热辐射光源灯具,灯泡和灯具外壳所产生的温度足以构成对可燃物的安全威胁,因此,服装表演尤其要重视灯光系统的电气防火安全。

此外,在服装表演期间,一定要保证消防通道通畅。

3. 施工安全

设备搭建和拆除过程中要选用可靠性高的设备,加强维护,规范施工,避免发生意外。

由于舞台灯光音响设备对场地的高度与承载量有具体要求,所以施工安全首先要考虑场地本身的结构和承载量。搭建、吊装临时灯架时,应事先对临时灯架中承重构件的荷载能力及安装方法进行核准,防止灯架重心偏向某侧发生倾倒。

4. 操作安全

操作安全就是按照操作程序完成灯光、音响设备的作业规程,尤其是对灯光设备的操作。灯光系统用电量大、负载适时变化快、线路繁杂径长、工作环节多,操作人员要特别注意规范操作,尤其在彩排过程中,要随时检查灯光系统长时间连续运行情况下的安全状况,排除隐患,保障正式演出的安全。

二、分析决策

图6-1为服装表演舞台灯光音响管理筹备工作网络图及图解,该图绘制了舞台灯光音响管理分析决策的工作流程:场地勘察、设备提供的决策、方案决策以及申请审批。该流程图只标注了工作序号,没有标注负责人与工时。

舞台、灯光、音响管理的分析决策首先要对演出场地进行全面了解,在此基础上确定设备的提供者。管理工作人员随后需及时召开场地方、设备方以及主办方的三方协调会议,对舞台、灯光、音响系统的设计方案进行确认。如果是大型的服装表演活动,还需及时报公安部门审批同意。

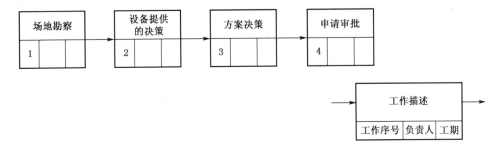

图 6-1 舞台灯光音响管理筹备工作网络图及图解

1. 场地勘察

场地勘察的目的是为了更好地掌握服装表演场地的综合情况,包括对其设施、设备以及信息的全面了解。主要工作包括:

(1) 基本情况

包括确认场地形状与面积大小、场地所能提供的基础设施、场地的建筑消防设施尤其是消防通道的位置等,以便规划演出时的工作区域和观众区域,合理设计通道。

(2) 供配电及用电

包括对场地电荷承载能力、电源可靠性以及备用电源的检查,并确认场地是否存在采用临时供电的可能。

(3) 信息

该场地历史上举办服装表演的习惯做法和发生的问题,以备参考。

(4) 设备

场地是否有提供舞台灯光音响设备的能力。一些常年举办服装表演的场地,如贸易中心、展览中心等,通常配备专业的舞台灯光音响设备;另外一些演出场地,如星级酒店等,可以免费提供简单的舞台灯光音响设备。

2. 设备提供的决策

如果场地方舞台灯光音响设备配置无法满足服装表演的要求,服装表演的主办方也没有能力提供设备,管理人员应尽早确定外包商,向其租赁设备。

3. 方案决策

(1) 确认灯光音响系统执行方案

管理人员必须安排场地方、设备方和服装表演的主办方的三方协调会议,确定灯光音响系统的最终设计方案。与会人员须根据场地方的场地实际情况、主办方的策划要求以及设备方的专业经验,共同审核原策划方案中灯光音响系统的设计方案,确认供电、用电以及其他技术问题。方案经讨论、修改、确认后,形成正式的灯光音响系统执行方案。

表 6-1 为深圳某演出设备租赁公司在网上为客户提供的服装表演灯光音响配备方案(经整理),仅供参考。

(2) 确认场地、舞台的执行方案

与会三方应同时确认场地、舞台的执行方案,包括场地区域划定的合理性;出入口安排以及通道设计的合理性;舞台的高度、长度、宽度;舞台的强度、硬度和覆盖物的选择;灯光、音响设置与观众席距离,多媒体设备的选择以及背景设计等具体内容。

表 6-1　服装表演灯光音响器材租赁参考方案

方案一　小型时装表演灯光音响配备方案	
音响部分	灯光部分
1. 全音域音箱 HZ/M15A 15″低音、4 Ω 500 W 4 只 2. 专业功放 HZ/M2000，2 台 3. 14 路调音台 MACKIE/1402，1 台 4. 均衡器 RANG 双 31 段，1 台 5. 效果器 YAMAHA/100，1 台 6. CD 机 SHENGYA，2 台 7. 专业无线话筒 SENNHEISER U 段，2 套	1. PAR 灯 白色、1 kW 德国 OSRAM 灯胆，16 只 2. 硅箱 6 路每路 6 kW，1 台 3. 调光台 FDL 1 台 4. 流动式三角灯架 高 4.5 m，可安 8 只筒灯，2 付
方案二　中型服装表演灯光音响配备方案	
音响部分	灯光部分
1. 全音域音箱 HZ/UA152 双 15″低音、4 Ω 800 W 4 只 2. 专业功放 HZ/M4000，2 台 3. 16 路调音台 SOUNDCRAFT/16.2，1 台 4. 均衡器 RANG 双 31 段，2 台 5. 效果器 YAMAHA/100，1 台 6. 压缩限制器 DBX，1 台 7. MD 播放机 SONY，1 台 8. CD 机 SHENGYA，2 台 9. 专业无线话筒 SENNHEISER U 段，2 套 10. 专业演唱话筒 SENNHEISER，4 只 11. 话筒支架 4 付	1. PAR 灯 白色、1 kW 德国 OSRAM 灯胆，24 只 2. 硅箱 6 路每路 6 kW，1 台 3. 调光台 FDL1 台 4. 电脑追光灯 HMI-1 200 W，1 台 5. 大型演出灯栅架 银色铝合金、30 cm×30 cm 立柱 30 m 6. 电源控制箱 1 套
方案三　大型、综合型服装表演灯光音响配备方案	
音响部分	灯光部分
1. 分频音箱 HZ/F-1 1 300 W，4 台 2. 超低音音箱 HZ/SW-1 1 600 W，2 台 3. 舞台返送音箱 4 欧 500 W，4 只 4. 专业功放 HZ/M2000，10 台 5. 32 路调音台 SOUNDCRAFT/LX7，1 台 6. 均衡器 RANG 双 31 段，2 台 7. 效果器 YAMAHA/100，1 台 8. 压缩限制器 DBX，1 台 9. 数字音频处理器 DBX/PA，2 台 10. MD 播放机 SONY，1 台 11. DAT 播放机 SONY，1 台 12. 双卡座 JVC/354BK，1 只 13. CD 机 SHENGYA，2 台 14. 专业无线话筒 SENNHEISER U 段，4 套 15. 专业领夹式无线话筒 SENNHEISER U 段，4 套 16. 专业演唱话筒 SENNHEISER，6 套 17. 话筒支架 8 付 18. 话筒电缆车 24 路，50 m 1 辆	1. 黄金电脑灯 HMI 1 200 W，4 只 2. 摇头电脑灯 1 200 W，6 只 3. 电脑灯控制台，1 台 4. 电脑追光灯 HMI 2500 W，2 台 5. PAR 灯 白色、1 kW 德国 OSRAM 灯胆，48 台 6. 换色器 24 台 7. 换色器控制台 1 台 8. 硅箱 6 路每路 6 kW，3 台 9. 调光台 FDL，1 台 10. 烟雾机 2 台 11. 干冰机 1 台 12. 泡泡机 2 台 13. 彩带枪 1 支 14. 大型演出灯栅架 银色铝合金、30 cm×30 cm 立柱 60 m 15. 电源控制箱 1 台 16. 动力电缆 1 台

4. 申请审批

根据公安部 1999 年 11 月 18 日发布的《群众性文化体育活动治安管理办法》，如果预计出席服装表演的观众人数超过当地政府规定的人数，服装表演将被视为大型活动。在舞台灯光音响系统方案确认后，管理者要将场地平面图、舞台灯光音响平面图和效果图及时提供给服装表演的主办方，并协助主办方向当地公安机关的相关部门提出活动申请，填写"举办大型活动申请表"和"大型活动消防审批表"。

由于各地公安机关对大型活动的人数界定、申报时必须提供的主要文件、审批许可的时限要求有不同的规定，因此，服装表演的主办方要及时了解举办地的相关政策。

第二节 舞台灯光音响设备的现场工作

舞台灯光音响的管理工作是整个服装表演环节中涉及部门最多的工作。舞台、灯光、音响设备都需临时搭建，现场协调工作十分复杂。工作团队通常由场地方、舞台灯光音响的租赁方以及服装表演的管理组织人员共同组成。三方的工作人员需要团结协作、相互谅解，才能创造一个较好的工作氛围，保证工作的有序开展。

同时，舞台、灯光、音响的管理与服装表演的多个部门有关，随时需要在设备搭建、调试和拆除过程中与演出部门、会务部门协调。

一、协调工作

"协调"是舞台灯光音响的管理工作人员在设备搭建、调试和拆除工作中的主要工作。不管设备由场地方提供、自备还是由外包商提供，具体的设备搭建、调试和拆除工作都会由专业人员负责完成。作为场地方、设备方以及服装表演演出部门、会务部门的联系纽带，管理工作人员要及时做好沟通、协调和通知，保证工作现场有计划、有组织地展开工作。

1. 设备搭建在工作时间上的协调

对于设备搭建、调试和拆除的时间协调，要以服装表演演出部门的时间安排为依据，在此基础上，对具体工作时间加以协调、控制。

舞台灯光音响设备的搭建、调试时间同时受到演出部门的彩排最晚开始时间以及场地方允许的设备最早进场时间限制，通常最晚在表演前一天完成全部设备的调试工作。由于费用的问题，场地方有时不允许设备提早运输入场、提早搭建。同时，为了不影响场地方其他工作的正常秩序，设备的搭建工作经常会被要求在晚上进行，尤其是户外场地。对设备方来说，通宵达旦、不间断地连续进行设备运输、搭建和调试工作，是极为常见的。需要提醒的是，户外场地的灯光调试工作必须在晚上进行。

舞台灯光音响设备搭建时，还需要协调好三者之间的搭建顺序。通常首先搭建舞台，舞台基本成型后着手搭建灯架和布灯，而后搭建音响设备；在灯光、音响设备搭建并初步调试完成后，才能完成舞台剩余的搭建工作，包括为舞台铺设地毯等覆盖物、布置舞台道具以及安置多媒体屏幕等，通常是舞台灯光音响设备搭建的最后一项工作。

舞台灯光音响设备的拆除时间受演出部门的最早演出结束时间以及场地方允许的设备最

晚离场时间限制。如果表演结束翌日表演场地已排定其他用途,那么设备方必须在演出后立即拆除设备,回复场地原貌。

2. 人员的协调

基于多方合作的工作特点,管理工作人员要尽早确认设备方、场地方以及服装表演其他部门的工作负责人,要求其提前做好设备运输、搭建、调试以及拆除过程中的人员、岗位安排。表6-2详细罗列了设备运输、搭建、调试以及拆除过程中各单位可能涉及的工作人员。当然,各工作人员可身兼数职。

表6-2　舞台灯光音响设备运输、搭建、调试、拆除过程中各单位工作人员安排

部 门	设备运输	设备搭建	设备调试	设备拆除
	工作人员安排			
管理方	1. 负责人;2. 现场协调人员			
设备方	1. 负责人 2. 搬运工 3. 司机	1. 负责人 2. 搬运工 3. 专业技术人员	1. 负责人 2. 搬运工 3. 专业技术人员	1. 负责人 2. 搬运工 3. 司机
场地方	1. 负责人 2. 货用电梯工作人员 3. 临时存放区域的工作人员 4. 保安 5. 清洁人员	1. 负责人 2. 电工 3. 临时存放区域的工作人员 4. 保安 5. 清洁人员	1. 负责人 2. 电工 3. 保安 4. 清洁人员	1. 负责人 2. 货用电梯工作人员 3. 保安 4. 清洁人员
演出方		1. 导演(艺术总监)	1. 导演(艺术总监)	

在设备的搭建、调试过程中,设备管理工作人员通常需要通知负责服装表演的导演(艺术总监)亲临现场。演出部门之前只能看到舞台、灯光的设计效果图,实际搭建的舞台、灯光系统难免与设计图存在差异。所以,即使前期策划、执行十分严谨,作为舞台、灯光的真正使用部门——演出部门多少存有疑问。舞台、灯光系统的搭建与调试工作过程中,演出部门可对之进行现场监督,并根据实际情况提出建议,便于设备方及时调整或补救。演出部门同时会对音响设备作现场了解,与音响师商讨关于服装表演现场音乐的设备与技术问题。如果舞台、灯光、音响设备的实际情况与方案相差甚大,无法现场调整,演出部门也会临时调整演出的编排设计,确保服装表演的成功。

在实际操作过程中如果舞台、灯光、音响设备事先运抵场地,由于各种原因无法进入场地,设备管理工作人员应预先要求场地方提供一个临时存放设备的区域。临时存放区域要就近于场地,方便搬运。

3. 证件的协调

管理工作人员在设备运输、搭建、调试、拆除过程中,还需要与场地方、设备方、服装表演的会务部门协调相关的证件问题,包括确认服装表演期间进出场地的工作人员证件,设备方运送设备进出场地的登记方法和证件开具等。

二、现场管理

"服从"是舞台灯光音响工作团队在服装表演彩排、演出过程中的最重要工作准则。舞台

灯光音响设计与执行的最终目的是通过舞台、灯光、音乐为服装表演创造一个富于形式美感视听空间，赋予服装表演更高的艺术审美价值、更广的商业价值和媒体效应。因此，舞台灯光音响的现场操作必须为演出部门提供全面服务。根据现场的具体需要，舞台灯光音响的现场操作有时也为会务部门和媒体提供服务。

1. 服从演出部门的工作时间安排

舞台灯光音响工作团队必须配合演出部门的工作时间安排，准时参加演出部门的彩排和正式演出。管理工作人员尤其要提醒设备操作人员正常参加彩排工作。彩排是对服装表演的一个综合性检查，设备操作人员应严格按照演出要求进行灯光、音乐、多媒体的全面配合，发现并及时解决彩排中出现的每一细小问题，确保演出的顺利进行。

2. 严格按照演出方案执行工作

对演出方案的执行是灯光、音响现场操作的最重要任务。灯光师、音响师必须严格按照演出部门提供的演出方案，执行灯光、音乐的操作、衔接与切换。在彩排以及演出过程中，包括灯光师、音响师在内的舞台灯光音响工作团队，应将自己视作演出部门的成员，集中精力，严格执行演出方案，并及时应对现场的突发情况。

3. 设备使用的配合

服装表演中多媒体、音乐的播放，以及灯光控制操作工作通常由演出部门负责。在演出现场，由于多媒体的播放要与音响、灯光的场景切换合作，所以应在调音台、调光台的工作区域内预留多媒体操作的工作空间，方便三者之间的现场协调。而多媒体播放同时受到多媒体文件制作格式和播放软件的制约，所以设备方与演出部门要事先做好沟通。通常情况由演出部门自带播放设备（手提电脑），设备方负责接线和调试。

三、具体操作实务

1. 舞台方面

（1）预先检查舞台

由于舞台是现场临时搭建而成，因此模特走台前要特别注意舞台拼缝处的检查，防止板与板之间出现较大缝隙，造成模特鞋跟陷入。同时，要注意排除由于地势不平造成的舞台倾斜、摇晃以及不平稳现象。

（2）清洁舞台

在彩排和演出之前，要注意对舞台的清洁。正式演出之前要用吸尘器对舞台吸尘，或用粘性的胶带工具粘走杂物。如果 T 台覆盖物为白色或者浅色，须及时处理脏污。内衣、沙滩装等性质的服装表演中，模特可能会赤脚走台，所以要格外检查舞台上是否有大头针之类的尖锐物体，避免模特受伤。

（3）T 台覆盖物

在模特每次走台前都要检查 T 台覆盖物的表面是否平整与稳固，如果拼缝处牢度不够或发生覆盖物位移现象，应用胶布或其他材料对其加固，加固过程中注意不能破坏表面设计与美观。切记要在正式演出前才能移去舞台表面的保护性覆盖物。

2. 多媒体方面

（1）预先检查文件

要预先检查文件能否被电脑读取。工作人员事先应采用不同方式、途径对文件进行备份，避免发生意外。

（2）设备检查

彩排和正式演出之前要再次检查投影机、手提电脑和接线,并再次调试投影的大小、比例、亮度等,避免画面梯形失真。

3. 灯光方面

（1）设备检查

灯光师要随时检查灯光设备,确保设备在彩排、演出过程中,能长时间、连续、安全地运作。

（2）暗场

舞台灯光的调光台和普通的场地照明通常不会在同一位置。灯光师应事先了解会场普通照明的位置,安排专人负责普通照明的开关。在接到演出总导演的指令后,灯光师应及时通知工作人员暗场。暗场后,在演出未正式开始之前,灯光师可以借助灯光效果吸引观众注意舞台背景,促使观众对本次服装表演的主题留下深刻印象。

（3）特殊需要

在服装表演现场,除了服装表演之外有一些特殊需要,如在演出之前或演出之后通常会有领导、嘉宾致辞、宣布活动开始等议程,有时还有可能安排签约、揭牌、颁奖等仪式。因此,灯光师应根据主持人或者司仪的介绍,迅速配合这些特殊需要给予灯光效果的配合。

在服装表演的正式开演之前,舞台灯光音响管理人员要及时与会务部门、灯光师沟通,了解演出程序,并请会务部门提供节目单或者议程,方便灯光师预先设计、排练及做好灯光配合。灯光师可通过运用追光或其他设备引导观众视线,使观众注目于现场正进行的、服装表演之外的内容,使之成为全场视觉中心,体现对领导、嘉宾的尊重。如果时间允许,通常需要安排一次彩排。

灯光师需要进行灯光配合的主要工作包括:①领导、嘉宾介绍。灯光师要预先了解领导、嘉宾的坐席安排;②领导、嘉宾上台。灯光师要预先了解礼仪的行走路线;③主持人、司仪上台。灯光师要预先了解主持人、司仪的出场和退场路线。

（4）对观众、媒体的尊重

服装表演结束后,现场观众通常会留影纪念,媒体也有可能进行现场采访。灯光师除了通知现场换用普通照明外,还要根据观众和媒体的实际情况保留部分舞台光,不可立即撤下舞台区域的所有灯光。

4. 音响方面

（1）设备检查

音响师要随时检查音响系统设备,确保设备在彩排、演出过程中,能长时间、连续、安全地运作。

（2）话筒的管理与检查

① 应急备用。永远多备一个话筒,以便应急。

② 防止话筒间互相干扰。非成套购买的无线话筒、杂牌的无线话筒,相互间的频率干扰非常严重;不同牌子的接收器摆放时相互也不能靠得太近,特别是质量较差的无线话筒系统其接收器会产生很大的干扰。

③ 调音。预先根据主持人或司仪的要求为其专用话筒调音。

④ 电池检查。如果电池电量不足,会使系统的发射、接收性能变差,音质也会遭到破坏,

严重影响效果,所以要经常检查电池并及时更换。在服装表演排练和彩排时可以使用旧电池,正式演出前所有话筒必须更换新电池,并再次调试话筒,确保演出顺利。

⑤ 话筒管理。音响师要为每位主持人、每位司仪单独准备一个话筒,由其专用。如果演出过程中其他人也需使用话筒,通常须准备额外的话筒,并通过礼仪人员、主持人或者司仪交给具体使用者,同时协助其正确使用话筒。

音响师必须提醒主持人、司仪、礼仪注意正确使用话筒,要求随用随开,避免电池电量不足或话筒相互间干扰产生啸叫;音响师同时可通过编号、标记不同颜色将话筒与调音台对应,方便管理、操作。

⑥ 啸叫处理。事先调整音箱的摆放位置悉心调试,有效地改善扩音效果,避免啸叫产生;如果有条件可增加一台反馈抑制器(专用设备),方便处理啸叫。

⑦ 彩排时须为导演、艺术总监以及其他相关人员准备话筒,方便现场指挥,方便表演区和工作区的相互联络。

(3) 音乐

① 演出音乐试听。检查演出现场要用到的所有音乐。服装表演中音乐大多使用 CD 光盘播放,这种使用压缩技术的光盘稍有划痕就极易出现跳播,甚至不能继续播放,会严重影响演出质量。所以,音响师要在演出前试听演出现场要用到的所有音乐,必须在不同的影碟机中试播 CD 光盘,避免出现卡碟。

② 如果演出音乐需要导入电脑硬盘,需要在演出之前完成此项工作,并对导入的音乐进行播放调试。

③ 其他音乐准备。除了服装表演所用的音乐外,音响师还需要准备其他类型的音乐,包括轻松、愉快的用于演出前后场内播放的音乐,创造轻松的环境氛围;进行曲、颁奖音乐用于现场各种仪式以及各类人员上台——运用进行曲、颁奖音乐时注意与灯光的相互配合。

④ 服装表演过程中须准备两份相同的音乐,当音乐出现跳播、不能播放等异常,模特现场走台时间过长导致音乐不够时,可利用设备进行切换,保证演出。

此外,应预先了解设备方是否有额外配备对讲机等现场联络工具,如无,应及时通知演出部门自行解决。

思考题:

1. 舞台灯光音响部门对演出部门的服从应体现哪些方面,为什么?

2. 你认为表 6-1 提供的服装表演灯光音响器材租赁参考方案是否有参考价值,为什么?

3. 如果在演出过程中,灯光设备中的部分帕灯突然烧坏,作为管理者,你会采用何种应急措施?

第七章 ‖ 演出会务组织

第一节 概 述

　　演出会务和宣传组织工作是服装表演中的常规工作,是指在服装表演的过程中为出席活动的所有观众提供接待、引导服务并对之进行信息传递。

　　演出会务和宣传组织工作的成功与否取决于工作人员对工作细节的把握。在服装表演现场,组织工作的每一项细节,譬如某个邀请函发放不到位,某个座位安排不合理等,都会直接影响观众感受,并对服装表演的质量和效果产生间接影响。因此,担任演出会务和宣传组织的工作人员必须对工作中的环节特别是细节处要细心观察、潜心把握,精心组织、力求全面周到、精益求精。

一、演出会务的前期准备

1. 演出会务的分析决策

　　前期准备工作是会务工作成功的关键。服装表演会务组织的准备工作由若干环节组成,在实施准备工作之前,组织者要根据服装表演的策划方案、服装表演的场地以及会务部门的经费预算,充分考虑会务组织工作的各环节部分的细节,对具体工作进行分析,确定相应的工作方案。

　　图7-1提供了服装表演会务决策的基本流程。通过图7-1可以了解到,服装表演的会务组织工作主要解决"观众类型"、"如何邀请观众"、"席位如何安排"、"如何接待观众"四个主要问题。

　　(1) 观众类型和观众人数

　　一场服装表演主体观众的类型是组织工作需要解决的重要问题。参加服装表演的观众可能是计划邀请,也可能是随机出席,总体可以将观众定义为:普通观众、嘉宾领导以及媒体。所谓计划邀请者,是指在服装表演策划中已拟定邀请的观众。所谓随机出席者,是指在服装表演准备阶段,通过各种渠道了解到服装表演具体信息,未经邀请自愿或偶然被吸引而来的观众。

　　在拟定媒体邀请对象时,需考虑媒介形式、媒体的专业性和传播方式等方面的内容。其中媒介形式,主要包括报纸、杂志、网络以及电视台等;媒体专业性,主要考虑选择专业媒体、与专

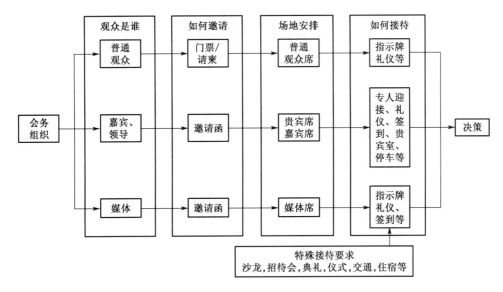

图 7-1　服装表演演出会务的决策流程

业有联系的媒体和非专业媒体;而传播方式的选择则可以包括运用文字传播、图片传播抑或影像传播等。

服装表演的演出场地制约了观众人数。由于服装表演的策划者已根据服装表演的资金、表演规模、预期效果等综合因素确定了表演场地。因此,会务组织者只需从表演场地的实际情况出发、结合舞台灯光设计方案以及演出部门的后台要求,确定演出场地可以容纳的观众数量,并通过场地布置、席位安排、预定座位或预发请帖等方式控制观众人数。其中,计划邀请媒体数量由服装表演策划要求的宣传规模决定,同时考虑预算费用的额度。

（2）邀请方式

服装表演的观众组成不同,所需采用的邀请方式也有所区别。服装表演一般都会采用门票邀请普通观众,采用邀请函的方式邀请嘉宾、领导和媒体,如图7-2所示。当然,具体邀请哪位嘉宾或哪位领导则由服装表演的主办方与策划者负责决定。

（3）场地安排

服装表演会务组织者必须事先请示服装表演的主办方、策划者,并与宣传部门及时沟通,获取出席表演现场的嘉宾领导的大致人数、级别,以及出席表演现场的媒体数量和其影响力信息,对场地进行划分并安排坐席。

为领导、嘉宾安排会议现场席位是一项令所有会务工作者倍感棘手的工作。目前,随着国际化程度的深入,部分中国领导参加服装表演时,已逐渐接受表演台侧面坐席,默认评审、媒体应安置在表演

**图 7-2　利郎 东京中央新城"世纪商泰"
时装发布会邀请函**

台的正面席位。关于席位安排具体方案,工作人员必须请示服装表演的主办方和策划者,不可擅作决定。

（4）接待方案

如图 7-1 所示是针对不同的观众给出了目前普遍采用的常规接待方式,包括指示牌、礼仪、专人迎接、签到、安排贵宾室、安排停车位等。这些接待方式是符合中国国情的接待方式,如果是国际惯常做法,一般不需安排贵宾室和 VIP 车位。

二、演出会务的中期过程执行

1. 梳理汇总会务和宣传工作内容

由于演出会务和宣传组织工作比较琐碎、繁杂,为了便于执行,可按照不同的与会对象,包括普通观众、领导与嘉宾以及媒体等,对工作内容进行梳理,并用表格形式汇总,以达到清晰明了的效果。具体内容和工作流程可参见表 7-1。

表 7-1 会务组织工作的主要工作流程

	普通观众	领导、嘉宾	媒 体
邀请工作	数量估计	确认邀请对象	确认邀请对象
	印制门票或邀请函	印制邀请函、交通线路图、VIP 停车位	印制邀请函、交通线路图
	发放门票或邀请函	寄送邀请函、交通线路图、VIP 停车位	寄送邀请函、交通线路图
		确认出席人数	确认出席人数
普通接待	指示牌	专人迎接与陪同	指示牌
	检票	签到布置、胸花或标识	签到布置、名片交换
	礼仪引导	VIP 贵宾室布置	礼仪引导
		礼仪接待	
		礼仪引导	
特殊接待		沙龙布置	沙龙布置
		酒会布置	酒会布置
		灯光音效配合	灯光音效配合
			采访安排
场地	内外环境布置	内外环境布置	内外环境布置
	分区	分区	分区
	席位安排	席位安排	席位安排
		席卡	摄影位特殊要求
资料准备	节目单	节目单	节目单
	礼品	礼品	礼品
	其他资料	其他资料	其他资料
			新闻统稿

（续　表）

普通观众	领导、嘉宾	媒体
典礼仪式	司仪或主持人聘请	
	议程落实	
	灯光、音效、话筒配合	
	行走路线设计	
	礼仪引导	
其他	车辆调度	酬金
	食宿安排	

2. 成立会务工作团队

（1）工作团队的人员组成和主要工作内容

服装表演的会务工作团队应设置会务总管、司仪或主持、联络接待人员、资料人员、保安人员、礼仪人员以及技工人员等，具体职位设计与主要工作内容如表7-2所示。

表 7-2　会务组织的职位设置与工作安排

序号	职位设计	主要工作内容
1	会务总管	全面负责会务工作，并配合制定会议流程。
2	司仪或主持	主持会务中的典礼与仪式。
3	联络接待人员	观众的邀请与接待； 场地的分区与布置； 车辆调度和联系停车位； 食宿安排。
4	资料人员	准备各种资料、礼品； 制作各类证件； 准备场地内外所需的各种氛围宣传资料。
5	保安人员	确保观众安全； 确保演职人员安全； 协助交通与车辆停放安排等。
6	礼仪人员	承担领导、嘉宾的接待任务； 负责各种典礼、仪式的礼仪工作。
7	技工人员	保证场地内的照明、空调等设备设施的正常运转； 保证灯光和音效的配合（由舞台灯光音响部门协助完成）。

（2）明确工作人员的职责

由于演出会务、宣传工作通常需要较长的工作周期，因此，会务、宣传工作应尽早组织团队，尽早实施。在具体的工作中，责任人可编制部门的责任非配矩阵图，使团队中的每一位成员都明确自己的责任，从而提高工作效率。

如表7-3所示为某服装表演演出宣传责任非配矩阵图，表达了某演出宣传工作中团队成员的工作职责、工作之间的内在联系以及各工作领域内存在的上下级关系。表中纵向所示为具体工作,横向所示为组织成员或部门名称,纵向和横向交叉处表示组织成员或部门在具体工作中的职责,字母"P"表示主要责任,"S"表示次要责任。

表7-3 某服装表演演出宣传责任非配矩阵

工作序号	工作内容描述	A	B	C	D	E
	演出宣传	P	S	S	S	S
1	媒体		P	S	S	
2	请柬		S	P		
3	新闻通稿				P	
4	目录					P
5	现场接待(媒体)	P	S		S	
6	现场派送(目录)	P		S		S
7	资料收集、存档			P		

现就某服装表演决定邀请媒体出席现场,同时在现场派发演出目录,结合表7-3所示,说明工作人员的具体职责情况如下:

① 假设负责该演出宣传工作的工作人员共 5 名,分别为 A、B、C、D、E,其中 A 为负责人;

② 媒体工作的主要负责人为 B。媒体工作的次要负责人为 C 和 D。B 计划邀请媒体数量决定 C 请柬的准备数量,B 确认媒体出席数量并决定 D 新闻通稿准备的数量;

③ 请柬工作的主要负责人为 C。C 最后发出请柬时,要从 B 处获得具体的媒体联系方式,故此 B 对请柬工作负次要责任;

④ 新闻通稿的主要负责人为 D;

⑤ 目录的主要负责人为 E;

⑥ 现场接待工作的主要负责人为 A,由于 B 任媒体工作的主要负责人、D 任新闻稿工作的主要负责人,负责现场接待工作的准备工作,故 B、C 同为现场接待工作的次要责任人;

⑦ 现场派送工作的主要负责人为 A,由于 E 任目录工作的主要负责人,负责现场派送工作的准备工作,故 E 为现场接待工作的次要责任人。现场派送工作工作量较大,此项工作临时抽调 C 为现场派送工作的次要责任人;

⑧ 资料收集、存档工作的主要负责人为 C;

⑨ C 在具体工作中,先后担任请柬工作和资料收集、存档工作的主要负责人,媒体工作和现场派送工作的次要责任人,涉及工作岗位最多,个人工作时间最长。经检查,认为 C 的各项工作在工作时间上没有重叠,是合理的安排。

(3)执行过程中的调整与控制

由于服装表演演出会务、宣传部门的每一项工作花销都很大,且该部门的经费预算是服装表演预算中最可能被调整的部分,因此,会务、宣传组织工作的执行中,既要通过开支预算检查决策的正确性,又要随时准备好变更。

（4）相互协作

在具体实施过程中，演出宣传工作与演出会务工作紧密联系。尤其是演出当天现场的媒体接待和宣传资料派送，很难划分主次责任。会务、宣传工作同时与其他部门，包括演出部门、公关部门等也存在联系，所以必须做好与相关部门的协调工作，加强沟通，友好合作。

三、演出会务的后续工作

服装表演结束后，会务和宣传部门还要做好相应的后续工作。后续工作主要包括会务收尾处理、采集各方的反馈、资料收集与整理，以及活动的后续推广等几方面主要工作。具体形式可以多样化，包括：

1. 会场整理

服装表演结束后应立即对会场进行整理，由于服装表演的演出场地通常采用临时搭建的方式，所以及时将会场所需的桌椅、宣传物品等设备拆除、整理、归还是必须完成的工作。

2. 总结评估

对服装表演的整体工作进行总结与评估，包括对各项工作的民意调查、撰写总结报告、组织参与服装表演的工作人员进行经验交流，奖励表彰等。

3. 资料整理和存档

资料整理和归档包括整理现场照片、制作 DV、收集新闻报道，对所有的文字资料进行整理等。通常情况下，媒体会主动寄送刊有新闻报道的报刊杂志以及摄影照片。工作人员也可以向媒体索要。某些媒体报道的资料只能由工作人员收集，比如网站报道。收集后的资料按档案部门的存档要求整理，一式数份，包括交付档案部门存档、部门留存以及转赠相关部门或个人。资料存档工作可以请档案部位协助。

4. 后续推广

根据实施效果讨论延续推广的可能性与具体事宜等。

第二节　观众邀请

图 7-3 绘制了普通观众、嘉宾邀请的工作流程。该流程图只填写了工作描述和工作序号，未填写负责人和工期。

图 7-4 绘制了媒体邀请的工作流程。其中与图 7-3 最大的区别在于增加了新闻通稿工作。该流程图只填写了工作描述和工作序号，未填写负责人和工期。

一、邀请的方式

对比上述图 7-3 和图 7-4 可知，领导、嘉宾和媒体的邀请通常采用邀请函邀请的方式，并需要设计回函，以便工作人员进行确认并作统计；普通观众一般采用门票方式邀请，通常不需要确认其是否出席。由于采用门票邀请工作相对较为简单，故本节将着重分析邀请函邀请的工作流程。

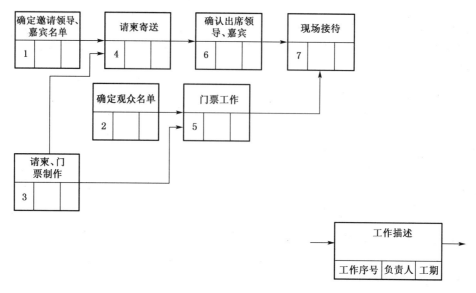

图 7-3　服装表演普通观众、嘉宾邀请网络图及图解

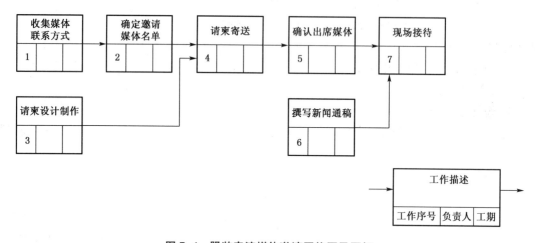

图 7-4　服装表演媒体邀请网络图及图解

二、邀请的工作流程

1. 收集联系方式

工作人员要对事先拟定的邀请对象进行资料收集,获取具体的联系方法和联系人资料。此项工作可求助企业公关部门协助。

2. 确认邀请名单

工作人员最后收集到的资料可能与预计有较大差别,或者远远超过估算量,或者远远低于估算量。另一种情况是工作人员没有获得拟定的信息,却意外获得非拟定的信息。因此,邀请名单需要作最后确认,或报上级审批。

3. 寄发邀请函

(1) 选择寄发方式

邀请函的寄发方式,主要受时间和费用两种因素制约。邀请函一般采用邮寄和快递的方式发送。在被邀请对象认可之前,可利用电子邮件发送邀请函的电子版本,这是最简单快捷、最节约的寄送方式,确认之后再向邀请对象寄发书面邀请函。有特别意义的邀请函需要派人专门送抵以示诚意。

(2)计划邀请数和实际邀请数的差别

计划邀请数和实际邀请数并不一定相等。通常实际邀请数小于计划邀请数。如果实际邀请数大于计划邀请数,组织者和工作人员要注意检查席位容量是否允许以及预算额度,防止人数过量和费用超支,对可预计的后果提前准备应对方案。

(3)寄发邀请函的窍门

寄发邀请函时,一般应附若干张服装表演门票、入场券、以及详细的交通地图,重要嘉宾还需附上停车证等。另外,可根据实际需要,附送服装表演策划书、服装企业介绍、设计师介绍、部分参演作品介绍等相关材料,目的是让被邀请者更好地了解服装表演的详细情况,并产生期望。

4. 确认应邀出席人数

工作人员须及时整理、统计回执,确认被邀请者承诺出席与否,统计数量,登记信息。为避免工作疏忽,对没有及时回复的被邀请者,工作人员应尽量电话确认其出席与否。如果确认无误,可以发出通知,通知应包括本部门工作人员、上级部门以及与本部门工作具有密切联系的其他部门,做好接待准备。

如果经确认后的应邀出席情况远远超过策划期望(包括过好或者过坏),应及时调整方案并报上级部门审批同意。

5. 邀请函的准备

为便于工作人员正确理解、掌握邀请函的格式规范,本节通过某服装企业2010年某品牌春夏新品发布媒体邀请函的案例,对邀请函的有关内容进行简单说明。

(1)邀请函正文(如表7-4)

表7-4　2010年某品牌春夏新品发布媒体邀请函正文

某服装企业　2010年某品牌春夏新品发布媒体邀请
2009年9月20日
致:社长,台长,新闻总监,总编辑,编辑,新闻主任,采访主任(本地新闻、时尚版、生活、特刊、实况纪录)
某服装企业2010年春夏新品发布会诚意邀请 贵媒体派员参加本次新品发布;希望通过本次发布,介绍2010年某品牌春夏新品,同时加深媒体朋友对某服装企业的了解及认识。
2010年春夏新品发布,详情如下:
日期:2009年10月16日(星期五) 地点:上海市长宁区延安西路2299号　上海世贸商城7楼多功能展厅 时间:晚7:30
请于2009年10月14日前覆,方便安排。
敬请光临
邀请人:××× ×服装企业
媒体查询,请电:×××××××陈小姐或电邮:××××××××

（2）邀请函回执（如表7-5）

表7-5　2010年某品牌春夏新品发布媒体邀请函回执

回执
媒体邀请

致：某服装企业
传真：×××××××

_____（媒体名称）将参与本次2010年某品牌春夏新品发布：
（派员名字）
1

2

（3）具体说明

① 邀请函的格式。邀请函可根据具体情况采用灵活格式。上述样例中，邀请函采用较为西化的书写方法。但在具体内容方面，涵盖了邀请函应具备的主要内容。

② 谦辞与敬辞。汉语中有许多敬辞和谦辞。根据公文写作的要求，在邀请函中适当运用谦辞与敬辞，体现邀请者的修养，同时符合中华礼仪之邦的传统。谦辞指表示谦虚或谦恭的言辞，常用于人们日常交际和书信往来中，一般只能用于自称。上述样例中，邀请函运用"诚意"、"请"等文字，表达了邀请者的谦恭态度。敬辞，也作敬词，指含恭敬口吻的用语，一般对人。上述样例中，邀请函运用"贵"、"敬"等文字，表达了邀请者对媒体的尊重。

③ 邀请函的具体内容。邀请函的内容通常要解决以下问题：邀请人是谁？被邀请者是谁？因何事邀请？邀请的目的是什么？同时必须提供活动的详情，包括详细的日期、时间、地点、联系人以及联系方式（电话和电子邮件）。除此之外，还可以额外提供服装表演举办地的地图和交通线路。

上述样例中邀请函提供了详细的日期、时间、地点、联系人以及联系方式（电话和电子邮件），但是没有提供地图和交通线路。

④ 提示被邀请者回复，并提供回执。邀请函在邀请对方时，应礼貌提示被邀请者回复，并提供回执。对于组织者来说，回执是演出宣传媒体邀请成功与否的判定标志之一。回执的设计非常重要，应当是合理且圆满的。媒体邀请函的回执最起码要包括如下信息：明确的人数、职务。回执可以有多种形式，传真、信函、电子邮件、网路回执或者电话均可。收到回执后，通常需要统计并确认回执有效。提示被邀请者回复并为被邀请者提供回执，有利于邀请者把握工作主动，统计和掌握受邀参加活动的媒体数量与具体人员及其职务，便于组织、安排接待工作。

上述样例中，邀请者提示媒体"请于2009年10月15日前覆"，理由为"方便安排"。这是一种礼貌的、恰如其分的同时又是必要的提示。样例在回执中主动提供传真号码，方便媒体回复。

⑤ 印章的重要性。为表示邀请的正式以及邀请者和被邀请者的郑重态度，邀请函中通常都有印章要求。组织者在执行具体工作时，务必注意印章规范，忌用复印的印章。

（4）服装表演媒体邀请函

服装表演如果计划邀请领导、嘉宾和媒体，通常采取购买邀请函的方式。由于需要的份数较少，服装表演所用的媒体邀请函通常不会特别设计，而是采购市面现有的、通用的邀请函，但一般弃用其内页。

服装表演邀请函内容和格式必须经过上级确定认可，由工作人员另行打印，同时要求精心挑选内页的纸张类型、颜色以及花纹。

第三节　场地安排

一、服装表演的会场安排

图 7-5 所示为服装表演的演出现场。根据服装表演性质、场地、舞台的不同变化，服装表演的会场安排主要分为剧院型安排、桌型排列两种基本方式，也可根据实际需要，借鉴剧院型安排、桌型排列对会场进行综合性排列。

图 7-5　服装表演演出现场

1. 剧院型排列

根据舞台类型的不同，剧院型排列主要分为直线型会场安排以及弧线形会场安排方式。如果服装表演的舞台为传统 T 型，一般可采用直线型会场安排，如图 7-6 所示。如果服装表演的舞台为综合性舞台，一般可采用弧线型会场安排，如图 7-7 所示。

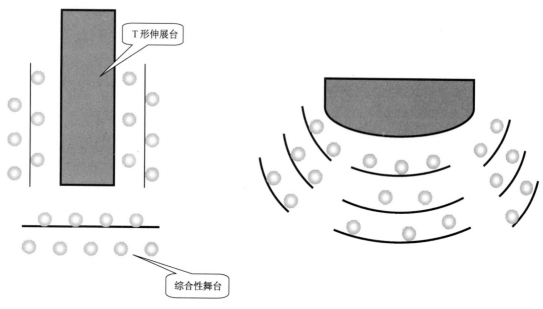

图 7-6　直线型的会场安排　　　　　　图 7-7　弧线形的会场安排

剧院型排列的主要特点是座位紧紧围绕舞台，与舞台曲线基本保持平行。剧院型排列的目的是使观众尽量靠近舞台，便于观众在观赏服装表演时，欣赏服装的设计细节、模特化妆，便于摄影、摄像。

2. 桌型排列

桌型排列主要适用于一些不设表演舞台的服装表演，现场座位围绕宴会桌排列，服装表演线路可以利用通道自行设计（如图 7-8）。此种方式通常在综合性演出中应用。

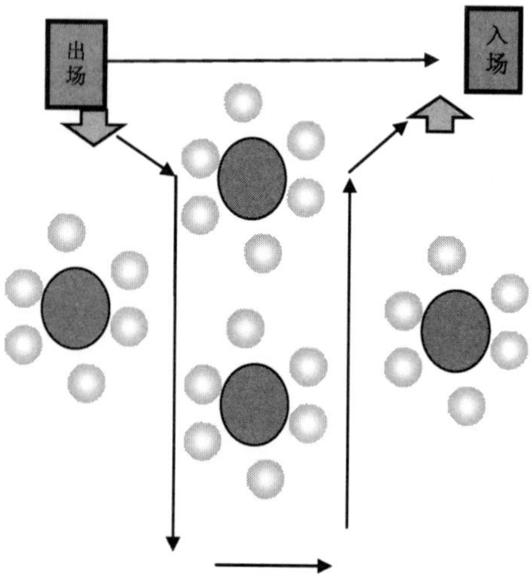

二、会场分区

会场分区应在规划完演出表演区、演出后台以及舞美音响的工作区之后进行。关于表演区、演出后台以及舞美音响的工作区的具体阐述，在其他章节中另行介绍。在服装表演会场中，主要的区域包括：贵宾休息区、来宾接待、沙龙酒会区、观赏区和摄影/摄像区。其中，来宾接待区、观赏区和摄影/摄像区是必须的区域，贵宾休息区和沙龙酒会区可以根据表演的规模来取舍，也可以设置在会场之外。

图 7-8　桌型排列

1. 常规固定区域

（1）来宾接待区

在服装表演现场，来宾接待区域是首当其冲面对观众的区域，是整场会务的"门面"，通常在服装表演入场口就近的区域设置接待台。接待区域面积可视演出规模和来宾人数而定，要求明朗有序、高雅大气。

（2）演出观赏区

演出观赏区是服装表演现场占地面积最大的区域之一，环绕在舞台周围，避开摄影/摄像区。主要包括贵宾席、媒体席和普通观众席。

（3）摄影/摄像区

该区域是专为摄影/摄像师辟出的一隅天地，摄影师和摄制团队在这里架设专业摄影/摄像设备，完整记录演出现场，并能够同步播出现场视频。该区域要求视线好，位置明显，不仅可以对整场服装表演进行清晰完整的拍摄，还可以让模特迅速找到镜头。

2. 可变动区域

（1）贵宾休息区

贵宾休息室是为提早到达的贵宾提供休息场所，避免其独坐贵宾席，备受冷落，同时可避免新闻记者的骚扰。如果演出场地条件允许，可以在靠近服装表演演出区域的地方专辟贵宾休息室，或者另租一个靠近服装表演现场的贵宾休息室。

（2）沙龙酒会区

如果需要可在场地内设立一个区域面积尽可能大的沙龙酒会区，沙龙酒会区应尽可能远离舞台，方便维持模特在表演时的现场秩序。如果演出在酒店内举行，可以另辟场地举办沙龙酒会。

三、会场布置

1. 落实设备、物品与证件

根据各区域的不同布置要求，工作人员可以将其归类，便于落实，具体可分为：

① 现场布置的物品：易拉宝、宣传展板、指示牌等；

② 需提前购买的物品：签到笔、签到簿、名片盘、桌布、餐巾纸、餐盘、一次性杯子等；

③ 需事先预定、表演当天到位、保持新鲜的物品：茶点、饮料、时令水果、花卉盆栽、胸花等；选购时令水果时，尽量选用果实较小、去皮容易的水果，或制成水果拼盘；

④ 需事先检查、核实、当天布置的设备，例如座椅、签到桌等；

⑤ 需事先制作、寄送或分发的各类证件，例如停车证、媒体工作证、工作人员工作证等。停车证是指为特殊贵宾专门准备的活动专用停车位，需要会务部门预先与场地方联系落实，相关工作包括停车位数量以及停车证制作等。在大型时装周期间邀请媒体出席多项活动，通常可直接制作专用的媒体工作证，方便媒体出入各秀场。停车证与媒体工作证必须要专人落实。

2. 各区域布置

（1）来宾接待区

可以在来宾接待区域布置服装表演的宣传展板，宣传展板显现演出的重要信息，包括服装表演主题、图片、标志、主办单位、承办单位和合作单位等。接待台台面可摆放来宾签到簿，向来宾请教的名片收集盘，发放给观众的演出节目表和演出介绍以及为贵宾佩戴的胸花，小型标识等物品。

（2）演出观赏区

演出观赏区中的主要工作为席位安排，如图7-9所示。

图 7-9 2010 Paris 春夏时装周 Chloé 工作人员安排座位卡

① 贵宾席。贵宾席应放置标明贵宾姓名的席卡,提醒贵宾位置所在;贵宾席的位置同时应利于新闻记者摄影、摄像。贵宾人数应有严格限制。如果人数太多,贵宾也就徒有其名。

② 普通观众席。普通观众席席位安排不可过于紧密,应保持进出通道畅顺,避免因观众过多造成场内拥挤、气氛压抑,同时保证安全。

③ 媒体席。对特别前来参加报道的新闻记者,也应充分考虑他们的职业需要。对于图片和影像记者,应在摄影/摄像区域为其提供摆放相机、摄像机的空间位置,并加以标识。对于文字记者,也应为他们安排可以完整清楚地欣赏表演的席位,通常安排于表演台两侧前两排,或者正对表演台的贵宾席后两排,便于记者采访。

媒体可能会在现场提出一些采访要求,比如希望现场采访设计师、嘉宾、领导等,此类采访可以安排在演出后进行,过早采访易使设计师、模特的情绪受到影响,不利场上发挥,对贵宾以及制作人员同样如此。工作人员在具体安排时,也需要对采访的区域进行预先设计、布置与规划。

（3）摄影/摄像区

摄影/摄像的区域一般设置在舞台正对面,距舞台不远处。为了方便摄影师和摄制团队工作,一般应另外搭建与舞台高度相当的专用摄影/摄像工作台。

（4）贵宾休息区

贵宾休息区要保证安静和安全,备好舒适的桌椅如沙发、茶几等,准备茶水、小点心和纸巾,布置适量的花卉盆景等。

（5）沙龙酒会区

沙龙酒会上食品、酒水、软饮料每种的量不必太多,可以多一些品种,营造琳琅满目的感觉。在演出开始之前要将沙龙酒会安置完毕。为保证某些食品的新鲜,可在演出中途布置食品,一旦演出结束,来宾就可以自由取用。一些关于服装表演的纪念品或赠品,也可以在沙龙酒会区发放。

3. 席位安排的细节

（1）要注意首排位置与舞台的距离间隔

如图 7-10 所示,首排位置与舞台的距离间隔由座位高度、观众视线高度以及舞台高度共同确定。工作人员在席位安排时,要尽量使观众视线高度与模特的大腿或腰部平齐,避免产生过大的仰视视角,既保护模特,又使观众得到合理的视角,轻松观赏演出。

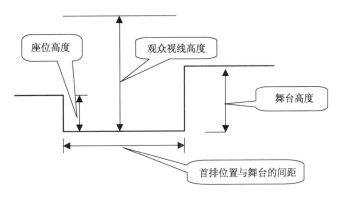

图 7-10 首排位置与舞台间距的关系图

(2)保持前后排的间距

普通观众席的前后排位置之间保持一定的间隔,其通道至少应保持 70 cm 宽度。为贵宾安排的席位,要有一定的空间,力求舒适。为便于来宾上台发言或颁奖,贵宾席排与排之间间隔、走道宽度通常要大于普通观众席。

(3)交错安排席位

前后排位置间易交错排列,避免观众间的视线重叠。正对舞台的前排位置少于后排位置,尽量使通道以舞台为中心,呈放射状,保证观众视角。

(4)适度的坐席间距

坐席如果采用椅子,椅子间至少要保证一拳间隔。

第四节 宣传与资料准备

关于服装表演的宣传,需要认识的是演出宣传的本质:什么是服装表演的演出宣传? 成功的演出宣传会达到怎样的影响力?

一、演出宣传概述

维多利亚的秘密(Victoria's Secret)是美国女子内衣公司 Intimate Brand Inc. 公司旗下的著名国际品牌。Intimate Brand Inc. 公司在经营中发现,很多男士是女士内衣的潜在购买者,他们有将精美内衣作为礼物赠与女士的愿望。1995 年,维多利亚的秘密决定于情人节当天在网站上举办 15 分钟的在线内衣表演,公司极力在各大报刊和电视上宣传本次服装表演,此项惊人之举获得巨大的轰动效应,大量腼腆的男士上网购买"维多利亚的秘密"性感内衣作为情人节礼物。维多利亚的秘密组织的这场史无前例的网上内衣表演,开创性地与网络媒体合作,被称为"在全球最大的网络上进行的世界最大的服装表演"。

尝到甜头的 Intimate Brand Inc. 公司并未见好就收,公司更加大胆地与美国电视媒体合作,在每年年末圣诞前夕都会组织一场内衣表演面向全美直播,以此刺激消费者的购买欲望(如图 7-11)。十余年来,Intimate Brand Inc. 公司充分利用"模特经济"、圣诞节前夕购物旺季以及电视媒体的超强覆盖和传播率,在商业获得巨大成功,其开创的这种天才般的营销方式被引入美国哈佛商学院 MBA 教材,成为"事件营销"的经典案例。

目前,一场服装表演前期宣传的宣传途径已十分广泛。随着科学技术的发展和各种新媒体的逐渐衍生,互联网、IPTV、电子杂志等新媒体蓬勃

图 7-11　2008 维多利亚秘密性感内衣秀

发展,变革后平面媒体的优势日趋显现,电视广告的优势则被逐渐瓜分。如今平面媒体已涵盖了报刊、杂志、画册、信封、挂历、立体广告牌、霓虹灯、空飘、LED 看板、灯箱、户外电视墙等各种广告宣传平台;电波媒体已涵盖了广播、电视(包括字幕、标版、影视)等宣传平台,网络媒体也可以通过网络新闻、网络索引、平面、动画、论坛以及移动网络等媒介实现。对于组织者而言,更重要的是如何对媒体进行组合选择,使服装表演的宣传达到事半功倍的效果。

二、演出宣传资料统筹

一般而言,服装表演演出宣传资料的统筹工作主要解决:"是否派送资料"、"派送什么资料"以及"资料如何派送"等问题。

适合在服装表演现场派送的宣传资料主要包括与服装表演有关的宣传画册、节目单,与服装企业、品牌、产品有关的目录,用于企业形象的礼品以及用于广告宣传的宣传资料袋等。

观众数量决定了宣传资料具体的印刷或复印数量。针对普通观众的派送数量最大。派送对象的范围同样由服装表演策划要求的宣传规模决定,同时考虑具体费用的预算额度。

服装表演宣传资料派送可选择有包装的宣传资料袋,或者没有包装的资料。一般情况下没有包装的宣传资料应事先放置于座位上,宣传资料袋则可放置于座位上或座位右侧地上,也可在入场时由工作人员凭票赠送。

1. 新闻通稿

(1) 新闻的含义

新闻,是指报纸、电台、电视台经常使用的记录社会、传播信息、反映时代的一种文体。新闻这一概念有狭义和广义之分。狭义的单指消息;广义的指消息、通讯、报告文学、特写、评论等等。

在服装表演中使用频率最高的新闻为动态消息,其次为述评消息。所谓动态消息是指迅速、准确地报道新近发生的国际国内重大事件、重要活动和各项建设中最新出现的新情况、新

动态、新成就、新问题的一种文体。述评消息又称记者述评，或新闻述评，是一种兼有消息与评论作用的新闻。述评消息是在陈述事实的基础上，穿插评论或抒发感慨，从而分析说明所报道事实的本质和意义。

（2）新闻通稿与新闻稿的差异

新闻通稿并不是媒体用于正式发表的新闻稿。在这里"通"可以理解为通用，"新闻通稿"可以理解为由主办方提供的，关于具体活动或者事件的，媒体在撰写新闻时可以借鉴的，适用于所有媒体的新闻稿。新闻通稿所含的信息通常大大超过新闻稿所需，以方便媒体取舍。同时，稿件中的观点仅代表主办方意见，不代表媒体意见。

（3）服装表演新闻通稿的撰写方式

撰写演出宣传工作中为媒体事先准备的、有关服装表演的新闻通稿，主要难点在于"要把可以是新闻，可以不是新闻的服装表演写成新闻"，或者"要把服装表演这样一件常见的事情写成意义非凡的大事"。因此，稿件必须要对服装表演的目的、服装和表演的特点有较为全面的了解和理解，尽可能形成独特视角，并恰到好处地拔高服装表演的"意义"。

稿件必须体现服装及表演的精髓，主要内容可包括服装的设计理念及款式特点，表演的创意、艺术构思和手法，企业、品牌或其他主办方的背景，设计师个人介绍，举办本次服装表演的宗旨意义、业内人士社会各界对表演的期望与反响等。稿件一般不对服装表演发表评论或者评价，只阐述主办者希望通过服装表演所达到的目的。要注意：稿件中对服装的设计理念、服装款式的具体描述必须准确、专业，方便不具备服装专业背景的记者、大众媒体对这部分内容进行摘录。关于这部分内容，撰写者可以通过参加服装表演彩排等途径预先了解详情，或请服装、演出部门的专业人员协助完成。

不过，负责撰写新闻通稿的工作人员没有必要将稿件想象得过于复杂。诚如上文分析，新闻通稿并不是媒体用于正式发表的新闻稿，媒体自会取舍。稿件所承担的任务是对服装表演如实报道，实事求是地说明何时、何地、何人、为何以及如何举办了何事（服装表演）即可。

此外，负责人在确认服装表演的新闻通稿时，既要站在服装表演的主办方角度，审查稿件是否传达了想传达的意思，同时也要站在媒体的角度上，考虑稿件是否具备新闻价值，观点是否公正客观。

2. 说明书

说明书是对服装表演的介绍和说明，主要内容包括：介绍服装表演的背景与目的，介绍品牌、设计师或者服装的具体情况，吸引观众，便于观众理解服装表演而采用的一种宣传式的说明，起解释说明、广告宣传、传播信息的作用。

3. 宣传手册

宣传手册实际上是另一类说明书。包括服装企业画册和服装产品画册。宣传手册可以是单页折叠的小册子，也可以是装订成册的精美画册。宣传手册可以作为服装品牌的发布、设计师作品发布、专业学生毕业作品秀、服装设计大赛等服装表演的演出宣传资料。

（1）服装企业画册

服装企业画册宣传包括企业精神、核心理念等企业文化，以及品牌、特色、产品、生产能力等企业实质内容，是服装企业对外宣传展示的工具（如图7-12、7-13）。

图 7-12　深圳市登高服饰有限公司画册封面

图 7-13　国外服装企业画册设计作品内页

（2）服装产品画册

服装产品画册是服装的样品说明书，是一个品牌每季服装的浓缩，通常分为春夏、秋冬两季推出。基本程序是挑选适合服装品牌形象的模特，穿着本季最新款服装，由专业摄影师拍摄成图片，最后编制装帧成为用于宣传的服装产品画册（如图7-14）。

图7-14　2009 Hanna And Ersson 童装产品画册内页

4. 表演产品目录

服装表演产品目录也称节目顺序单，通常有两种形式，一种是以文字形式描述出场顺序服装的列表，比较简洁。另一种则图文并茂，由封面、封底和若干双面印刷的服装产品目录页组成，目录页通常也按照服装表演中服装出场顺序排放服装单品的图片和文字资料，比较直观、清晰（如图7-15）。目录中间一般设计有订单，方便订货。目录通常选用较好纸张，运用美术、摄影和色彩技巧，图文并茂，印制精美，主要为服装企业的经销商、代理商、加盟商、买手以及特殊顾客服务，用于促销。一些服装表演，如订货会，品牌服装发布等都会采用目录这一宣传资料，或者利用原有的、用于专卖店的商品目录，作为服装表演的宣传资料。

5. 一种特殊的宣传资料——宣传资料袋

宣传资料袋本意是指一种为方便观众存放宣传资料、由服装表演的主办方提供的手提袋形式，材质不限，近年来建议采用环保材料，伴随着宣传资料带功能性的开发，在实用的基础上将与服装表演有关的内容（如服装表演的名称，主办方、服装企业和品牌的名称，标识、徽标以及广告语等）印在手提袋上（如图7-16），起到"流动的"广告作用。

6. 现场海报、入场券、指示牌

现场海报（如图7-17）、入场券（如图7-18）、指示牌等的设计工作，通常由演出设计部门负责，如果纳入到演出会务部门的宣传工作范畴之中，其工作流程与现场派送宣传资料的工作流程基本一致，工作不同点在于：

图 7-15　富力特 2009 年羽毛球系列用品目录

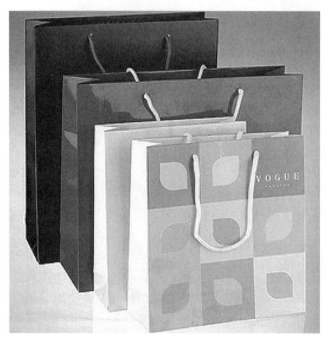

图 7-16　各类宣传资料袋

图 7-17　中国国际时装周 2010 年春夏
系列发布海报

　　① 现场海报不用于派送,主要用于现场广告。现场海报的素材收集、设计、制作的时间安排与宣传资料的工作时间基本同步,份数较少的现场海报可请广告公司作写真处理。

图 7-18 2007上海友谊商城秋冬服饰国际流行趋势发布会入场券

② 入场券素材收集、设计、制作和印刷的时间需尽早,通常在服装表演前一个月印刷完毕。观众可以通过购买、登记预定、赠送等不同途径获得入场券。

③ 指示牌通常用于服装表演现场,主要用途是指引观众如何进入会场,有一定的广告效应,设计简单,制作方便,可用彩色打印或写真制作。如图 7-19 所示为一空白的指示牌,可以将设计并制作好的宣传单张贴在类似的指示牌上,在演出前一周安排于会场内外观众主要途径处。

三、资料准备

图 7-20 绘制了宣传资料准备工作流程。该流程图假设宣传资料为目录和说明书,有专用资料袋。该流程图填写了工作描述和工作序号,未填写负责人和工期。通过图 7-20可以得出这样的结论:服装表演中的宣传资料可能是一种或者几种;可能有包装,也可以不用包装。制作过程包括素材收集、设计、确定、印刷、汇总和包装,具体实施因现实情况区别会有所差异。

图 7-19 指示牌、立牌

1. 素材收集

为服装表演量身定做的会务、宣传资料需要收集素材,以用于设计,收集对象包括品牌LOGO、与服装表演有关的文字资料和图片资料。如果素材不够,文字资料、图片资料还可以安排工作人员撰写、拍摄。

2. 设计

简单的会务、宣传资料设计可以由工作人员承担完成。如果会务、宣传资料最后要付诸印刷,最好外包给广告公司或印刷公司完成。在选择外包单位时,最好选择有下属印刷工厂的广告公司,或者有较强设计能力的印刷公司。

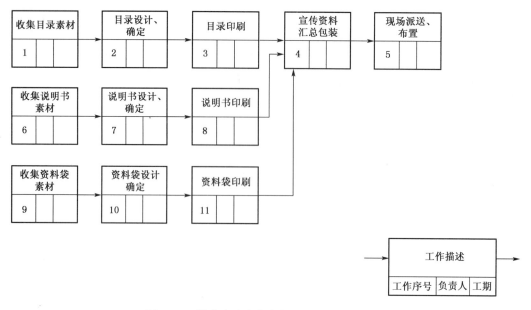

图 7-20 服装表演宣传资料组织网络图及图解

如果将设计工作交予广告公司完成,再将设计稿转交印刷公司印刷,首先,要考虑工作时间是否足够,其次,要检查预算是否允许,最后要对突发问题进行预案。这里所指的突发问题是指当印刷品存在质量问题时如何追究责任并及时弥补——错在广告公司,还是错在印刷公司,经济损失由两者中谁来承担?

如果会务、宣传资料最后必须付诸印刷,而组织者出于成本等各种因素考虑,坚持由工作人员完成设计,通常情况下工作人员只需完成设计初稿。初稿经确认后,完成稿仍须请印刷公司用专业排版软件把关完成。担任设计工作的工作人员往往缺乏印刷专业知识,其完成的设计稿经常会在印刷时发生问题:如图片的精度不够导致印刷效果差,某些利用专业图像软件设计的艺术效果因为不符合印刷要求无法印刷等等。

此外,会务、宣传资料的设计要以节约成本为前提,要合理设计开面、页数以及大小,设计越简单、用色越少,印刷成本就会相应降低。

3. 确认

会务、宣传资料确认不是简单地认可设计排版,而是在认可其设计排版的基础上,全面校对资料的文字、图片,避免发生原则性错误,同时纠正错图、错句、错字和别字。如果组织者将设计工作外包,外包商通常会对设计稿进行多次审稿,但最后仍需组织者签字确认,方可付诸印刷。外包商的做法看似体现其对工作的重视,也可以理解为其规避责任的一种方式。

4. 印刷

自行设计的宣传资料、资料袋交付印刷时,应同时交付设计稿中用到的文字资料和图像资料。文字资料最好用电子文档,普通的 doc 格式即可。照片可以提供照片原件,由印刷公司进行电分扫描,数码照片则要保证一定的像素。已做过效果处理的图像文件最好保存为 PSD 格式和 TIFF 格式。PSD 格式为 Photoshop 的专用图像格式,可以保存图片的完整信息,包括图层,通道,文字等,修改方便,文件一般较大。TIFF 格式是 Mac 中广泛使用的图像格式,特点是图像格式复杂、存贮信息多。由于用 TIFF 格式存储的图像细微,层次信息丰富,图像质量高,故而非常有利于原稿的复制及印刷。

　　宣传资料、资料袋印刷过程中,组织者要注意节约成本。印刷的成本核算非常专业且复杂,担任演出宣传工作的组织者最好能掌握一定的印刷知识。如果组织者完全不懂印刷,至少也要明白:合理的纸张选用、恰到好处的印刷量、给予对方充足的时间避免赶工等都可以节约成本。

　　组织者务必要问清印刷公司的开机费。由于开机费相当于印刷公司的最低收费,所以至少要让印刷预算等于开机费,印刷公司才肯接受。此外,组织者不要为了节省资金而忽略打样环节,这在无形中增加了印刷公司的压力,同时增加自己的风险。相对出错后的损失,打样费用微乎其微。

　　一些份额较少的资料,可由工作人员自行设计、复印或彩色打印完成。

5. 汇总与包装

　　在服装表演前一天,所有的宣传资料和资料袋都应准备齐全,汇总包装。因此,组织者要严格控制好宣传资料和资料袋的设计、确认、印刷的工作进度。有时,会务部门会借用宣传部门的资料袋,为观众准备瓶装饮料和小礼品,所以,这项工作可以由两个部门共同完成。

第五节　演出会务现场接待

　　服装表演中观众的接待工作,包括对领导、嘉宾、媒体和普通观众的接待。三者的接待方式也有所不同,接待工作是会务工作的中期工作,需要通过现场实施来完成。接待工作的目标是使受邀参加服装表演的观众用便捷、合理的方式到达服装表演现场,受到应有的尊重,并在工作人员指引下,顺利入座指定区域。

一、制定日程安排

　　由于场地限制,服装表演的会务、宣传工作几乎都需要在演出当天实施执行,所以必须合理设计演出日程安排,仔细考虑工作细节,预先将工作落实到个人,保证接待所需设备、物品等及时到位、合理调度现场工作。

　　日程安排的基本格式如表7-6所示。

表7-6　服装表演日程安排样表

日期	时间	工作内容	责任人	工作要求
……				
演出前两天				
演出前一天				
演出当天				

二、接待工作

1. 接待工作的一般流程

根据图 7-1 服装表演演出会务的决策流程,工作人员可以将接待工作进一步细化,如表 7-7 不同对象的接待方式落实所示。

表 7-7   不同对象的接待落实

对象	接待方式						
	指示	停车	入场			休息	入席
	指示牌	专用停车证	门票检票	媒体工作证邀请函	邀请函		
普通观众	√	√	√				√
媒体	√		√	√			√
领导嘉宾	√				√	√	√
接待人员	无	保安	工作人员	媒体接待	领导、嘉宾、接待礼仪	领导、嘉宾、接待礼仪	礼仪

2. 礼仪接待

（1）礼仪人员的基本要求

礼仪人员的基本条件是:相貌姣好、身材颀长、年轻健康、气质高雅、音色甜美、反应敏捷、机智灵活、善于交际。女性礼仪人员的最佳装束应为:淡妆、盘发,穿款式、面料、色彩统一的单色旗袍或深色、单色职业套裙,配肉色连裤丝袜、黑色或深色船形中高跟鞋。礼仪人员一般不佩戴首饰,化妆、着装应整齐统一。男性礼仪人员的基本装束为:黑色或藏青色西装、领带、白衬衫、黑皮鞋、黑袜子。

（2）礼仪人员的工作岗位与工作内容

服装表演中礼仪人员具体可分为迎宾者、引导者和服务者。迎宾者主要负责现场观众的迎送。引导者负责引导贵宾现场行走路线、贵宾在服装表演仪式上的登台与退场,以及引导观众正确入座指定区域的席位。服务者在贵宾室、沙龙区、酒会区、签到处为贵宾、媒体、观众提供服务。服装表演中担任礼仪、引导和服务的礼仪人员数量可根据需要决定,具体岗位可机动安排。其中,引导者至少要准备两组,可交替工作,避免出现贵宾等待引领,或者无人引领的现象。

（3）礼仪人员来源

礼仪工作可以聘请专门的礼仪公司或者机构负责,其提供的礼仪人员训练有素,经验丰富。在预算不足的情况下,也可由会务组织者中的工作人员担任,或者招聘志愿者担任。

（4）服装表演中礼仪人员的业务要求

① 礼仪人员是所有接待工作的串联人员,礼仪人员必须具备解决现场突发问题的能力,应具备基本的礼仪服务常识,明确体态语的含义并准确使用。在接待过程中所有指引、指向性的动作都要手掌自然合拢,掌心向上,匀速指出。

② 对应邀出席的来宾,要预先核对、背诵名单,做到心中有数。尽量避免现场查找名单。记录时,可以在来宾名字旁打"√",不可打"×",不可以用笔划掉来宾名字,忌用红笔。

③ 签名簿底色以红色为宜,签名笔以金色、黑色为宜,不可以用白底的签名簿。签名簿可以针对服装表演的主题和风格特别设计、制作,也可专门选购,不能随便代替。签到时,交给来宾签名用笔要拔开笔盖,双手递上,并注意笔尖对准自己,用毕后要双手接回,盖好笔套。

④ 胸花佩戴的位置在贵宾的左胸位,男士可佩于西服胸袋上,佩戴动作娴熟,快速、尤其不能让别针扎到贵宾。

⑤ 收取名片时,应双手接过名片,与来宾简单核对名片上的信息之后,放入名片收集盘。

⑥ 引领贵宾入场时,礼仪人员应走在贵宾的前侧方,身体侧向贵宾,方便随时与贵宾沟通,不能自顾自地径直行走。礼仪人员要把最安全最方便的道路留给贵宾,如在过道中,要把靠近墙壁的一条路线留给贵宾,礼仪人员走在另一侧。

⑦ 负责为贵宾室提供服务的礼仪人员,须注意存放贵宾脱下的衣帽和随身物品,为贵宾沏茶、加水。沏茶要沏七分满,不宜过多。在没有工作的时候,安静地站在一边,不可吵到贵宾们的交谈或休息,随时候命。演出即将开始时,提醒贵宾准备入席,引领贵宾进入观赏区,协助贵宾找到自己的位子。

⑧ 服装表演进行中,如果安排领导讲话、贵宾颁奖以及合影留念,礼仪人员要及时走到领导面前,邀请领导跟随其后,根据事先设计的线路到达舞台。待讲话、颁奖或拍照结束后,再陪同领导回到座位就坐。

⑨ 表演结束后礼仪人员要提前在出口处等候,指引观众有序地安全地退场。贵宾离席要有专门的礼仪人员上前引领,可以再次请贵宾进入贵宾室,做一些采访或者交流;也可以陪同贵宾走安全通道离开现场。

3. 指示牌

指示牌在服装表演会务安排中是不可缺少的,它是给观众迅速找到演出现场的提示,具体布置的位置体包括:

① 表演场地所在建筑的大厅或主要入口;

② 停车场内的出入口及电梯口;

③ 一楼电梯口及表演场地所在楼层的电梯口;

④ 各楼层的自动扶梯口;

⑤ 表演场地所在楼层的十字通道处;

⑥ 表演场地的入口处。

4. 满足媒体现场接待的特殊要求

演出当天的媒体接待工作,主要包括签到、席位安排、费用以及发出新闻通稿等具体工作。其中签到、席位安排(包括摄影位置和摄像机位安排等)工作通常由会务部门统筹,工作人员需及时与会务部门沟通协调。如果须支付费用报酬,组织者通常事先与财务部门沟通并设计好签收方式,将报酬与新闻通稿装入空白信封,做好标记,安排工作人员在媒体签到时完成支付与签收工作。支付与签收方式视具体情况决定,不存在统一模式。

5. 现场安全保卫

在接待工作中要特别强调保安人员的重要性。在服装表演的整场演出中,保安人员不但要承担检票、保证场内人员和物品的安全等工作,还要配合服装表演的组织人员,维持场内秩序,尤其要配合接待贵宾的礼仪人员的工作,保护好贵宾,防止被莫名媒体或者未知人士骚扰。

三、按议程执行

议程是服装表演演出进程中所有部门的"指挥令",会务工作人员须根据实际情况,协调演出部门工作,编写议程,如表7-8某服装企业举办2009年某服装品牌秋冬新品发布的议程所示,并严格按照议程执行现场工作。

议程安排获得上级部门审核同意后,工作人员需及时以书面文字形式通知司仪、礼仪以及舞台灯光音响部门。如有条件,在服装表演的彩排间隙,会务、宣传部门还需协调上述部门及人员,对仪式的整个过程进行排练。

表7-8　2009年某服装品牌秋冬新品发布议程

2009年某服装品牌秋冬新品发布 议程

主办单位:＊＊＊＊＊＊
协办单位:＊＊＊＊＊＊
时间:2009年9月27日
地点:＊＊＊＊＊＊
1. 主题:2009年某服装品牌秋冬新品发布
2. 司仪:某服装品牌 品牌营销经理:＊＊＊
3. 议程:

13:50～14:30	凭请柬、门票入场
13:50～14:30	播放多媒体宣传资料
14:30～14:40	司仪宣布发布会开始
	介绍领导、嘉宾
	市服装行业协会/市服装商会会长＊＊＊致辞
	某服装企业董事长＊＊＊讲话
14:40～15:00	某服装品牌秋冬新品发布
15:00～15:03	某服装品牌 设计师谢幕
15:03～15:10	某服装品牌 品牌年度贡献 颁奖仪式
	司仪宣读×服装品牌 品牌年度贡献 获奖名单:(4人)
	颁奖嘉宾(4人)
	市领导(1人)市服装行业协会/市服装商会会长＊＊＊
	某服装企业董事长＊＊＊
	某服装企业总经理＊＊＊
	某服装品牌 品牌经理＊＊＊
15:10～15:15	合影留念
	司仪邀请领导、嘉宾、获奖者、设计师、模特上台合影留念
15:10～15:15	司仪宣布发布会结束

第六节　特殊的会务组织工作

根据服装表演的策划要求,在服装表演过程中通常会在演出前后安排与服装表演有关的典礼仪式,或者安排沙龙、招待会。

一、典礼仪式

典礼仪式包括各种典礼和仪式活动,如开幕典礼、开业典礼、项目竣工典礼、毕业典礼、颁奖典礼、就职仪式、授勋仪式、签字仪式、捐赠仪式等。在实际工作中,典礼仪式的形式多样,并无统一模式。有的仪式非常简单;有的仪式非常隆重、庄严,甚至还有一套严格的程序和礼节。

在服装表演中,常见的典礼包括大型时装周活动的开幕、闭幕典礼,仪式包括服装设计大赛、模特选拔大赛的颁奖仪式等。另外,也可以把服装表演之前的领导、嘉宾致词看成是简单的仪式。

1. 仪式组织工作的共同特点

(1) 独立仪式的基本程序

仪式既可以是服装表演中的一项具体程序,也可以单独成立。独立仪式通常应包含如下基本程序:

① 来宾入席;

② 司仪或主持人宣布仪式正式开始,介绍到场的领导、嘉宾;

③ 发言。发言者按职务依次排列,发言内容言简意赅,内容重点应为介绍、道谢与致贺;

④ 进行仪式主体部分,如剪彩、颁奖、揭牌等;

⑤ 合影留念。仪式至此宣告结束,随后可安排招待;

⑥ 某些仪式需要奏国歌,如涉及中外方的签约仪式。故此,工作人员必须事先确定仪式是否需要演奏国歌,演奏国歌时须全场起立。

(2) 仪式组织工作中的要点

会务组织的工作人员在组织服装表演的具体仪式时,没有必要"求新、求异、求轰动"而脱离实际。从操作的角度探讨,服装表演过程中的仪式组织工作一般都包括:确定出席仪式对象和范围、现场布置和物品准备、确定议程、部门协调与彩排、正式举行中的调度等5个方面的工作要点。

① 仪式对象和范围的确定工作必须一丝不苟。出席仪式的人员选定必须审慎,必须反复核实参加仪式人员的姓名、身份、社会职务等详细资料。必须认真细致地开展邀请、通知、确认工作,精益求精。

② 现场布置和物品准备,尤其是仪式上所需使用的某些特殊用具,如剪彩仪式上的缎带、剪刀、白色薄纱手套和托盘;颁奖仪式上的奖杯、鲜花、证书、绶带和托盘;签字仪式上的国旗、签字文具等,必须慎重选择、提前准备并反复检查。

③ 议程必须有条不紊。仪式安排宜紧凑,忌拖沓,尽量以服装表演为重,耗时愈短愈好,避免喧宾夺主。

④ 部门之间必须协力合作,复杂仪式如颁奖仪式等必须安排彩排,保障仪式顺利进行。

⑤ 把握现场工作中的每一个细节,对可能发生的情况尽早制定预案,对现场突发情况及时调度、灵活处理。

2. 典礼仪式的核心——司仪

(1) 司仪的概念

司仪并非新生事物,其历史久远。《辞海》对司仪一词的解释:"官名,《周礼·秋官》中,专门接待宾客者。随齐、唐、宋、明、清时就有司仪署";又其《周礼·秋官》司寇第五中记载,当时朝中有:"司仪上士八人,中士十有六人"。可见在当时的社会,司仪这个行当已经有了等级区分。到了近代,《现代汉语词典》将"司仪"解释为"举行典礼或召开大会时报告进行程序的人"。

（2）司仪的人选

服装表演中,通常可邀请与本次服装表演相关的,具有一定身份职位,对本次服装表演的目的、意义、过程有一定了解的专业人员担任司仪工作,也可以邀请具有一定知名度的电台、电视台专业主持人担任司仪工作。

（3）司仪的作用

在服装表演中司仪的主要作用表现为以下 5 个方面:

① 阐述服装表演的目的、意义、创意,汇报服装表演的主题,说明服装表演的进程,感谢在服装表演进程中获得的广泛支持;

② 介绍服装表演现场的领导、嘉宾等知名人物以及出席服装表演的媒体;

③ 充当仪式的主导人物,穿针引线,发布仪式的具体程序,组织仪式的顺利进行;

④ 通过饱含礼仪文化的语言、充满感情色彩的语气渲染现场气氛;

⑤ 通过对服装表演主题、品牌、设计师、企业等内容的反复强调,加深观众对服装的印象,起到一定的广告宣传作用。

二、沙龙与招待会

沙龙、招待会通常配备精美的酒水食品,并对餐具及训练有素的专业服务人员有较高要求。服装表演现场安排的沙龙、招待会,一般都外包给有经验的酒店或公司承担,工作人员主要做好与外包公司的联络、现场调度以及出席沙龙、招待会宾客的组织工作。

1. 关于沙龙的简单说明

"沙龙"是法语"Salon"一词的音译,原为意大利语,17 世纪传入法国,中文意即客厅,原指上层人物住宅中的豪华会客厅,最早在欧洲的画展中使用。从 17 世纪开始,巴黎名人(多半是名媛贵妇)常把客厅变成著名的社交场所,进出者为戏剧家、小说家、诗人、音乐家、画家、评论家、哲学家和政治家等。他们志趣相投,聚会一堂,一边呷着饮料欣赏音乐,一边就共同感兴趣的问题促膝长谈,无拘无束。后来人们便把"沙龙"的意义衍生为一种集会。

沙龙一般具有如下特点:①定期举行;②时间为晚上,因为灯光能造出一种朦胧的、浪漫主义的美感,激起与会者的情趣、谈锋和灵感;③人数不多,是小规模的交际圈;④自愿结合;⑤自由谈论,各抒己见。

2. 关于招待会的简单说明

招待会是指各种不备正餐,较为灵活的宴请形式,备有食品、酒水饮料,通常都不排席位,可以自由活动。

（1）冷餐会(自助餐)

这种宴请形式的特点是不排席位,菜肴以冷食为主,也可用热菜,连同餐具陈设在餐桌上,供客人自取。客人可自由活动,多次取食。酒水可陈放在桌上,也可由招待员端送。冷餐会在室内或在院子里、花园里举行,可设小桌、椅子,自由入座,也可以不设座椅,站立进餐。根据主、客双方身份,招待会规格隆重程度可高可低,举办时间一般在中午 12 时至下午 2 时、下午 5～7 时左右。这种形式常用于官方正式活动,用以宴请人数众多的宾客。

（2）酒会

酒会又称鸡尾酒会。这种招待会形式较为活泼,便于广泛接触交谈。招待品以酒水为主,使用容量较大的高脚玻璃杯,略备小吃。酒会不设座椅,仅置小桌(或茶几),以便客人随意走动。酒会举行的时间亦较灵活,中午、下午、晚上均可,午前一般不举办酒会。按照过去的礼节,酒会的主人应在酒会举行前发出请柬,请柬上往往注明整个活动延续的时间,客人可在其间任何时候到达或退席,来去自由,不受约束。

鸡尾酒是用多种酒配成的混合饮料。酒会上不一定都用鸡尾酒。但通常用的酒类品种较多,并配以各种果汁,不用或少用烈性酒。食品多为三明治、面包托、小香肠、炸春卷等各种小吃,以牙签取食。饮料和食品由招待员用托盘端送,或部分放置小桌上。

3. 服装表演中的沙龙与招待会

国内服装表演中的沙龙活动多数安排在表演之前,国外则是在安排在表演结束后。服装表演中沙龙的形式可多种多样,视情况而定,某些服装表演甚至不设专门舞台,采用在沙龙中发表作品。在服装表演前后设置沙龙,目的是延续沙龙对绘画、戏剧及其他艺术的推广意义。沙龙的举办初衷在于为艺术家创造一种艺术环境与氛围,使艺术家们能自由自在地言论、探讨。因此,在服装表演中设置沙龙,目的是促成观众、设计师和品牌经销商之间的深度沟通与交流互动。

资金充足的服装表演还可款待来宾,在演出后举办一个小型酒会,在音乐背景之下,创造出一种轻松祥和的氛围,促进来宾间、来宾与组织者之间的相互交流。

思考题:

1. 制定一份小型服装表演的议程,时间、地点、主题自拟,说明议程安排的理由。

2. 简述礼仪在会务组织中的重要性。

3. 如果一场服装表演中的主要嘉宾为中国政府部门官员以及国外服装界模特界的名流,你将如何策划嘉宾邀请和接待工作,请具体说明。

4. 结合服装表演会务组织的学习内容,分析在服装表演中普通观众、嘉宾领导以及媒体的邀请、接待工作的共同点与差异。

5. 试设计一份沙龙的邀请函,沙龙主题自拟,说明邀请函的设计理由。

第八章 ||| 服装表演预算控制

举办一场服装表演需要一定的开支。服装表演的规模、水平、效果、影响都直接依赖于预算中可以供给支配的资金量。一场服装表演的举行因其举办者、类型、目的不同,所针对目标客户不同,产生花销不同。一些国际顶级品牌举行的服装表演成本动辄超过上百万美元,而一些小的服装公司举行的诸如订货会形式的服装表演,仅仅邀请公司内部员工、代理商、经销商以及零售商参加,对场地、模特的要求较低,成本也相应较低。

当然,无论一场服装表演是奢华还是简朴,是企业还是其他人的决策行为,服装表演的策划者都会对各项费用进行全面估算,而组织者会对各个环节的费用严格控制,保障整个服装表演的重点支出,避免产生计划外支出,并根据实际运行及时进行预算调整,有效应对突发情况。可以说,能否严格按照预算有效控制调整各项费用,是保证在有限资金内,顺利举办一场高质量服装表演的前提。

对于时装表演的组织者来说,要做好服装表演组织工作中的预算管理和控制,首先必须要了解一场服装表演如何进行预算,除此还需了解服装表演中有哪些典型费用,最后配合策划人员和财务人员,对资金进行调整控制。

第一节 预算编制

在服装企业内部,对服装表演的预算工作归属于服装企业营销部门。营销部门通过对企业产品销售量和收入的预计,决定服装表演预算的具体资金。由于公司类型和产品类型不同,不同公司的预算资金数额会有所区别。一般而言,制造商比零售商投入资金多,而品牌公司又比一般的制作商投入资金多。如果服装表演属非企业行为,由政府部门、行业、学校或者社会团体来策划,那么,其资金预算会有较大的偶然性,不存在明显规律,资金的来源多样,对资金的管理控制也会更加严格。

一、预算的重要性

1. 缺乏预算容易导致成本失控

服装表演是一种艺术化展示服饰商品的方式,对其的资金投资存在一定风险。如果不对服装表演进行预算,那么对其的投入就没有参照标准。明确的预算为服装表演的具体工作设定了开支限制，即使存在更理想的表演场地与更优秀的模特，因为预算有限，工作人员也会不假思索地选择放弃。可以说，对服装表演进行合理预算，是控制服装表演成本的最重要因素。

2. 预算决定了表演规模

如果缺乏合理的项目预算，会导致服装表演的规模失控。尤其是小型的服装企业，或者是初次举行服装表演缺乏经验的主办者，应该谨慎起见。应当将服装表演的预算控制在一个合理范围之内，避免规模庞大，避免因为过度追求细节、完美而影响执行。

3. 预算对表演质量的影响

一场服装表演的质量与预算的具体数额大小息息相关。如果要举办一场高质量的服装表演，必须配备充足的可支配资金，否则，无法获得支持服装表演成功的优秀设计、良好服务、优质商品以及杰出的专业人才。反过来，服装表演是否能达到既定的完美效果，与资金投入的多少，并不是正比关系。

二、编制预算的方法

服装表演作为复杂项目，预算的编制非常重要。不同的预算编制方法，会对服装表演的预算金额产生直接影响，同时会影响服装表演的具体组织工作，制约资金的使用、控制和调整。一般而言，对服装表演的预算主要有三种方法。

1. 自上而下的预算编制方法

对于大型的，尤其是营销部门具备规模且有成熟经验的服装企业来说，采用自上而下的方法进行服装表演预算是非常典型的——由服装企业高层管理人员基于之前的经验，对营销推广计划中的服装表演活动进行预算，上级管理人员可以紧紧控制服装表演的开销，管理方法直接简单。

小型的服装企业一般由老板直接掌管财政支出，所有的目标制定包括财政预算都由老板完成关键性决策。所以，这种企业的服装表演预算往往由企业老板根据公司财政而制定。同样，政府部门、行业、学校或者社会团体一般也会采用这种自上而下的方式来完成时装表演预算。在预算过程中，即使他们会要求下属部门提供相应的预算编制方案，但最终的决策还是由其决定，下级部门所提供的方案可能仅仅只是一种参考。这种方法的局限性在于决策通常不能反映事物的变化和发展。决策者在服装表演方面可能是一个外行，决策行为可能是一个行政结果而非商业营销结果，决策者往往忽视了底层管理人员的知识和想法等等，这些都会对服装表演组织工作产生重大影响。

2. 自下而上的预算编制方法

自下而上的预算方式，是由服装表演的负责人确定各项工作的职责范围的相关支出，然后将支出加在一起，指定出总的预算。例如，负责表演的负责人将模特、编排、服装服饰、服装的保管运输等项目的所需费用估算出来，负责宣传的负责人将宣传广告、赠品、纪念品的费用、媒体的费用估算出来，负责舞台灯光音响的负责人将舞台搭建、舞美布置、灯光音响器材租用、人员雇佣等费用估算出来，负责会务的负责人将会务接待的费用估算出来，最后将这些估算汇总成时装表演的预算。

这种方法需要各项目负责人共同参与服装表演的预算过程，很难被一些习惯中央集权的大公司、习惯行政命令下达的政府、行业、学校和社会团体采用。中小型的服装企业由于自身规模的限制和经验的欠缺,很难独立完成一次服装表演,往往会借助某些中介机构,将服装表演中的部分组织工作委托给专门的演出公司、策划公司、模特经纪公司等,共同完成一次服装表演。其在服装表演的预算编制过程中,可能会集合各负责部门和委托单位的分项预算,完成服装表演的最后预算。

这种预算的优点是联合作业,明确各部门的职责权利,发挥各部门组织人员的主观能动性,依据他们对市场的了解,编制较为合理的预算,同时也克服了自上而下方法的局限性。这种预算的缺点在于预算过程费时、费力难以协调,参与其中的中介机构在预算中会更多地考虑自身利益,企业内部的负责部门也会为了组织工作的开展方便,故意提高预算。

3. 完全竞争的预算编制方法

完全竞争的制定预算方式就是不计成本,能承担多少就做多大的预算。这种预算编制方法是非理性的方法,决策者往往为了达到某种特别的商业目的或者宣传目的,而采用的一种非常规的决策方式。这种预算编制方式对具体组织工作的开展者来说,无疑是一种福音。采用完全竞争的预算编制方法,其开支一般采用实报实销的方法。

第二节　常规费用预算

由于身份、职位或者所擅长不同,服装表演组织者在服装表演中担任的角色也不尽相同。组织者一般负责某一项具体工作的全面实施,比如会务工作,宣传工作等。某些承担重要工作的组织者,甚至会参与预算编制,并全面负责资金管理控制工作。因此,对组织者而言,全面了解服装表演中有代表性、典型的常规费用及其主要的用途,是非常必要的。

一、服装表演的常规费用

1. 场地费

服装表演的场地费用应根据表演的规模和档次而定。不同的表演场地价格差距悬殊。知名品牌往往选择豪华酒店、艺术馆、剧院、博物馆、私人花园等举办服装表演,费用动辄数十万美元。在服装表演中,场地费是一笔较大的开销。

组织者在选择场地的具体工作中,应根据策划的要求,综合地段、交通、时尚度、专业度、艺术感觉、季节、时间段和节假日等各种因素进行考虑,认真商谈与确认。要注意一些常年举办服装表演的场地,如贸易中心、展览中心等,一般都在场地费中包含了舞台设备费用和专业工作人员的工作报酬,且设备齐全;另一些演出场地譬如星级酒店等,一般可以免费提供简单的舞台、灯光、音响设备,如果举办诸如订货会、现场促销会等小型的服装表演,完全可以借用上述设备,节约成本。

2. 舞台费用

一般情况下舞台费用包括了舞台租用费用、灯光租用费用、音响租用费用、多媒体设备租用费用、舞美道具以及所有设施的搭建和拆除费用,这是另一笔重要的、较大的开销。

由于每场服装表演要求不同,因此,舞台、灯光、音响、多媒体设备应根据该场服装表演要求达到的策划效果进行设计。组织者应该保持与策划者的良好沟通,按照策划方案要求供应商绘制舞台效果图和灯光效果图,在获得策划者的认可后,再商谈具体费用。

要注意,如果组织者不对供应商作规定,供应商一般会按照常规来配备设备,有时不能达到演出策划效果,有时可能造成资源浪费,增加预算。比如,T 型台的尺寸与所用材料的板材尺寸有关,如果设计方案中,舞台尺寸不在所用材料的板材尺寸拼接范围内,必须订做舞台而非租用舞台,此时费用就会大幅增加;对于一场休闲装的成衣展示而言,追光灯的配备几乎是一种浪费;如果某场服装表演中已拥有大量的成像灯(或称成型灯,椭球聚光灯),那么筒灯(亦称 PAR 灯,光束灯)就几乎无用武之地。诸如此类的细节都会对舞台费用产生影响。

当然,对于组织者来说,以某个价格要求供应商提供所有设备,是一种最稳妥的做法,这种做法的缺点是不能有效、全面地控制成本。

3. 服装及饰品费

如果一场服装表演的服装是专门为表演而定制的,那么,所有的服装设计、制作费用都应纳入到预算中,这种情况大都为高级订制或高级成衣发布会的演出。但也有一些配合综艺类演出而制作服装。对于服装企业或商场而言,用于服装表演的服装直接从公司或销售柜面借调,其成本不会纳入预算。但是为了加强表演效果和指导消费,一些需要额外定制或者购买的配饰品,比如鞋、包、围巾、皮带等配饰,以及在服装表演活动由于对服装饰品进行修补、熨烫、保管等维护而产生的费用,都需要计入到预算中,一般将贵重服饰的保险也计入这部分费用内。

4. 交通运输费

在表演期间,因为服装的外包装、运输、搬运装卸所产生的交通运输费用,接送工作人员、观众、客户、嘉宾等所产生的交通运输费用,以及车辆租用、停车费用都是预算中不可忽略的部分。除此,一般将服装的仓储费也计入这部分费用成本内。

运输的服装用于表演,而相关人员则前往组织表演或观摩表演。所以,对于服装表演的组织者来说,不管发生何种状况,交通运输费用都不能被轻易削减。如果在异地举办服装表演,组织者对于服装运输方式的选择必须慎重。铁路、公路运输费用低,但耗时长,也容易丢货。由于服饰品贵重、轻便,所以出于安全考虑,较远距离的运输应选择航空运输。如果组织者挑选货运、客运公司承担服装表演期间的交通运输工作,必须事先对其作详细了解,或者选用合作过的信誉较好的公司,确认细节,比如,是否上门收取货物,是否提供装卸搬运服务等。

5. 广告宣传费

广告与宣传费用包括邀请函、海报、画册等宣传资料的设计、制作,以及新闻发布会、各种形式(包括电视、网络媒体等)的广告、公关所产生的费用。这部分的预算收缩性极大,除了某些必品(如邀请函)的设计制作费外,在具体的实施过程中,可以根据服装表演组织实施过程费用的实际使用情况作较大地调整。

如果组织者负责广告宣传活动的实施工作,一般要求有较好的专业知识背景以及相应的公关关系人脉。有些时候,仅仅有预算费用是不能解决实际问题的,尤其表现在媒体邀请、新闻发布会组织等具体工作中。除了明码标价的部分,每一个应邀而来的记者,都要事先预备其费用,而且注意文字记者、摄影记者和录像师的费用是不同的。在印刷品的印刷过程中,单色或彩色印刷、印刷数量、交货时间长短以及纸张品质、克重的选择,都会影响到成本。

6. 演出费用

这部分的费用预算包括直接费用和间接费用两部分。

直接费用是指与服装表演工作相关的人员费用,包括服装表演活动期间导演、模特费用,公司员工补贴以及所有临时聘请的工作人员的报酬等。

间接费用是指负责服装表演筹备、策划、组织、管理过程中产生的费用与工作报酬。间接费用还包括服装表演中产生的某些特别的设计制作费用,比如,创造一部多媒体视频短片用于现场播放等。

在演出费用中,对于模特费用的预算要留有一定的余地。如果服装表演安排在大型的时装周、博览会期间进行,由于模特演出任务颇多,其价格就会相应地上浮。优秀模特和普通模特,中国模特和外籍模特的费用差别较大,名模的费用可能是一般模特的 10 倍。组织者在选用模特时,要谨慎选择模特来源,经纪公司提供的模特、个体模特以及在校模特专业学生之间的费用也有一定的差别。此外,如果一场时装表演安排较多的试装、排练、彩排,模特预算费用也要相应提高;如果在一天的某个时间段内,要求模特重复三次走台,不能统计为一场演出,应该统计为三场演出,也就是说,模特费用预算要增加三倍。

此外,演出费用预算中是否包括员工报酬是组织者必须要考虑的问题。有时候,企业只负责正常的员工工资,员工在服装表演期间的加班报酬、奖励可能会从服装表演的预算中支出。如此,组织者必须计算员工的工作成本价格,并且牢记办任何事的实际时间通常都会比计划时间要长。

7. 会务费用

会务费用是指在服装表演过程中产生的会务开支,包括主持人的酬金,现场招待用的酒水、茶点、保安、礼仪费用等。这部分的费用预算也有较大的调整空间。

总之,举办一场具有一定规模的服装表演是一项大工程,需要投入较大的财力。由于国情、市场、品牌知名度、企业预算等各种实际因素的影响,具体某场时装表演的费用应根据策划、预算以及实际操作的具体情况决定,不能一概而论。上述观点可以通过 2009 年中国(深圳)国际品牌服装服饰交易会费用报价,以及 2009 年米兰时装周的服装专场表演费用估算来验证。

二、案例:2009 年中国(深圳)国际品牌服装服饰交易会服装专场表演报价

2009 年中国(深圳)国际品牌服装服饰交易会主办者在相关网站中,对交易会期间的服装专场演出和大型表演进行招商活动。经整理,2009 年中国(深圳)国际品牌服装服饰交易会服装专场表演报价如下:

① 表演场地:深圳会展中心 5 号展厅(多功能厅);

② 表演时间:2009 年 7 月 9 日~11 日;

③ 报价:

日期	第一场	第二场	第三场
7 月 9 日	10:30/10 万元/场	13:30/10 万元/场	15:30/10 万元/场
7 月 10 日	10:30/10 万元/场	13:30/10 万元/场	15:30/10 万元/场
7 月 11 日	10:30/10 万元/场	13:30/10 万元/场	15:30/10 万元/场

④ 费用包括：

- 场地租金；

- 策划、编导、模特、音响师、音乐设计；

- 舞台设计、舞台制作、灯光音响；

- 服装管理、烫衣工、换衣工；

- 后台设备(穿衣镜、龙门架、蒸汽熨斗、烫衣台、标牌、运输、服装场地)；

- 化妆师、发型师。

⑤ 对报价的备注说明：

- 如果企业有特殊要求，可根据具体内容另行商定；

- 另行计费内容：特殊灯光要求及各种特技效果、指定的著名模特参演等；

- 每场服装专场演出可由两家合办；

- 表演时间为 30 分钟，如需延长表演时间，可另行商定。

三、案例：2009 年米兰时装周服装专场表演费用估算

2009 年 9 月米兰时装周在 8 天共举行 99 场服装展示。其中，Elena Miro 是第一个召开时装发布会的意大利女装品牌，Roberto Cavalli 预定在 Via Procaccini 最宏伟气派的 Fabbrica del Vapore 会展中心举行发布会。2009 年米兰时装周一场表演的费用从 10 万欧元到 100 万欧元不等，即每分钟 8 千至 8 万欧元。主要费用包括：

① 场地(Location)，2 万 1 千元起，包括时装展台和基本器材：大约一半时装表演在时装博览会最现代的米兰会展中心举行。布置租用场地完全由时装协会负责管理，报价从 2 万 1 千欧元(305 个座位的场馆)至 14 万欧元(1 260 个座位和 200 站位的华盖场馆)。报价包括基本服务费用，如 T 台和舞台的灯光、照明、音响、T 台地毯(23 m 长，2～3 m 宽)、后台设备(化妆镜，全身镜，桌椅)，全额保险(保险金额 36 万 1 千欧元)以及布置展台拆卸展台的费用。展厅内可根据参展商需要安排讲坛，座谈会议室以及特别的桌布(每米 12.50 欧元)。如需要更好的灯光效果要额外支付 8 千欧元。另外，不在米兰时装会展中心举行的时装表演主要是著名服装设计师品牌，他们有自己的专属场馆，如 Giorgio Armani，Krizia，Prada，Gucci，Gianfranco Ferre 和 Dolce&Gabbana。

② 模特(Models)，4 万欧元起，包括模特最低人数 20 人，每人 2 千欧元。一般每场服装表演请 20 至 30 名模特。根据模特的表演经验和名气，一个模特的费用在 2 千至 1 万 5 千欧元之间。世界名模可随行开价。事实上很多品牌的这一项花费要大的多，国际著名时装品牌往往需要 30 名模特，每人 1 万 5 千欧元。

③ 化妆和发型(Make-up and hairstyling)，1 万欧元起。每场表演需要两个团队：一个化妆师带着约 10 名助手，一个发型师带着约 10 名助手。根据他们的名气大小，每组费用为 5 千～2 万欧元。

④ 导演，舞美，音乐(Director, stylist and music)，7 千欧元起。此项费用包括导演、DJ 的费用，付给意大利作家出版协会的会费、宣传费用和其他杂费。一场服装表演的执行总监实际上是在领导一场复杂的团队活动，一般由设计师及其助手担当执行重任。某些品牌则会邀请一位导演担当执行总监，由设计师及其助手负责协调监督。执行总监的主要工作包括选择服装款式，挑选测试模特(挑选模特以及与模特公司谈价)，考虑邀请贵宾和召开记者招待会，寄

送请柬,安排时装表演和录影等。这部分费用中包括一名全景摄像,一名负责音响的 DJ 以及保安的费用。

第三节　费用的调整控制

一场时装表演仅仅有预算是不够的,在组织工作中,要随时随地对预算进行调整,严格控制开支。另外,在时装表演过程中,具体的财务操作方式也会影响费用的实际操作过程,即使从表面效果上看,都完成了资金分配、管理以及控制调整,但其过程是截然不同的。

一、总体预算的调整控制

预算是对费用的估计,不一定完全正确。实际工作中,需要在一段时间内,反复多次审核预算,并根据组织工作中的实际情况作预算调整。当然,不能因为存在可以实际调整的机会,就对预算马虎对待。预算的每一次调整决策,都须对服装表演的各项组织工作仔细调研,周密安排。对任何可能影响预算的计划变革要尽早调整,否则,越临近演出时间,越容易产生额外的费用。在服装表演活动过程中,要做好总体上的预算调整控制,首先要做好以下几点工作:

1. 委派专人负责服装表演的总开支

委派专人负责服装表演的总开支,体现了对服装表演的重视。服装表演是一个团队合作的项目,具有周期性规律,牵涉部门、人员众多,琐事繁多,变数多的特点。因此,委派专人负责服装表演的总开支,有利于全局把握服装表演预算经费的使用情况,有利于控制各部门支出,有利于突发情况时预算的及时调整、各部门预算费用的比例调整,同时促进资金的规范操作。

2. 明确各项费用的标准

在各部门中授权一名组织者(包括临时聘请的外部人员和承包商),明确其使用权限以及使用范围;明确各项费用标准,其目的在于为部门工作提供一个有效的参考。任何商品、服务都存在价格。并且,商品、服务有优劣之分,而同样价值的商品或服务,由于市场的作用,实际价格也会有较大的弹性空间。明确各项费用的标准即为具体组织工作提供了市场参照,基本界定了组织工作中对商品、服务的选用档次。

要求被授权人了解工作中拥有的使用权限以及使用范围,目的是要求被授权人明确了解在预算资金的实际使用过程中,在何种工作范畴内,可以独立做出决策,大胆使用、调整预算资金。如果资金的使用、调整超过权限规定的范畴,被授权人必须向上级部门提出申请,其决策方案获得允许后,方可实施。

3. 说明服装表演的策划目的,公开预算编制的具体内容

被授权者必须了解策划目的,了解服装表演最终需要达到的演出效果,才能在具体的工作中,针对所负责工作,以及过程中的突发事件,做出相应的、有目的的调整。否则,被授权者对资金的管理控制就会失去方向,无法区别轻重缓急,不能有的放矢地使用资金。

向被授权者公开预算编制的具体内容,目的是使被授权者了解服装表演整体预算情况以及自己部门所占用经费的比重,同时对其他部门的预算和经费用途有明确了解,避免被授权者在本部门费用超支时,存在由其他部门支援的侥幸心理。这种做法的另一个目的是要求各部门之间互相监督经费使用情况，提高经费使用的透明度，尽量避免部门之间的相互猜忌，规避个别人员意图从中获利的不良企图。

4. 不轻易改变授权，不轻易干涉被授权人的工作

所谓"用人不疑，疑人不用"，一旦决定由谁出任被授权人，就必须信任其工作。轻易改变授权，或者轻易干涉被授权人的工作，会造成被授权人的尴尬处境，无法确立被授权人在该部门工作中的核心地位，同时间接打击其他部门负责人的积极性，不利于服装表演组织工作的有序开展。

二、部门预算的控制

1. 必须对预算进行细化

服装表演的预算一般在一个较大的层面上决策，不可能顾及到每一个具体的工作环节。因此，作为各部门组织工作的负责人，在被授权获得经费使用权后，要及时详尽调研部门的工作，罗列部门工作中所有可能产生的开支，按照预算进行细化。如果细化后的开支总额与预算产生较大差异，必须及时向上级部门提出调整申请。

当然，部门对预算的细化，要符合服装表演策划目的。一般情况下，只能在预算范畴内进行细化，否则，就无所谓"控制"了。所有细化的开支总额最多占部门预算的90%，至少要留10%的预算作为应急缓冲的费用，并预留相关成本的附加增值税。

2. 及时与财务沟通

所谓的"预算"是指在理论上可以花费的开支。具体组织工作中，并不存在与预算数额相等的现金任由大家在工作中自由支配。因此，被授权的组织者必须与财务沟通。沟通的内容主要包括：

① 可以预支的现金数额及报销方法；

② 可以通过银行业务往来的资金数额（包括现金支票）以及方式；

③ 只能在服装表演结束后支付的资金数额以及最晚的支付时间；

④ 财务对票据的要求，包括增值税发票要求、普通发票要求以及签收单的格式等。

上述内容比如采用现金支付或支票转账，部分预付或要求承包者完全垫支，开属增值税发票、普通税发票或免税处理等，都会对具体的组织工作产生极大影响。现金交易和提前支付的方式会使组织工作便捷；而通过银行业务往来的资金必然牵涉发票和税收问题；滞后支付报酬对承包商意味着某种风险，承包商可能因此提高商品或服务的价格。

被授权的组织者在与财务沟通后，要对本部门每项开销做好支付方式的预案。由于服装表演的某些开销必须采用现金支付，因此，在现金预支的具体数额方面，可以预先向财务提供清单以期获得认可，保障组织工作的顺利进行。

3. 慎重采购或外包

不管是采购或外包，要分清成本、报价和预算三者之间的关系。成本是对方产生的费用，报价是对方想要收取的费用，而预算则是组织者能给出的最高费用。对组织者而言，货比三家总是有利的。由于服装表演的相当部分工作要涉及到外包，所以，组织者需要慎重决定是否采取外包，以及选取何种形式的外包才能更专业，同时节约时间与精力，提高质量。

4. 提前准备，尽早确定

"提前准备，尽早确定"有利于组织者把握工作进度，有时还能节约成本，减少开支。比如，提前预定机票、提前将宣传品交付印刷等。而临时约谈表演用场地、临时调用模特、临时订购物品等行为都会增加额外开销,不利于预算控制。

5. 不要轻易节约,不要轻易超支

策划者经过慎重考虑最后编制的服装表演预算对于其中每一部门的经费,一定有其编制理由,甚至隐含着对该部门工作目标、工作质量的要求。所以,组织者轻易节约或者轻易超支都不是控制预算的好方法。举例说明,如果策划者在编制预算时,给予服装表演结束后酒会 3 万元的预算费用,那么,从某种意义上,策划者已经为组织者决定了酒会场地的规格,提出了对酒水茶点的品质要求。如果组织者花费 1 万元完成酒会,上司不会因为实际节约的 2 万元而高兴,因为酒会可能已经使某些重要客人难堪。

组织者应该将所有成本控制在预算范围内。如果节约或超支,最好能在预算和财务允许的范围内上下浮动。如果由于获得意外的特别赞助,导致成本降低 50%,同时又不影响工作质量,组织者最好向上级报告说明原因。否则,下次类似工作的预算就可能缩水 50%。而组织者对超支的态度则要更谨慎,必须请示汇报获得批准后,才能实施超支决策。

6. 用图表记录

服装表演的预算应该参照策划方案和具体实施情况用图表记录(如表 8-1),预算要列明开支项目、预算额、实际开支额,同时计算实际开支额和预算额的差额,一方面利于部门和上级检查监督,同时也为以后的预算和实施提供参考。

表 8-1　服装表演预算与实施费用

项　　目		预算(元)	实际开支(元)	差额(元)
场　地	场地租金 场地布置 席位安排			
舞　台	舞台设计与搭建 背景及道具 摄影及摄像 音乐、音响 灯光			
服装服饰	定制服装 表演饰品及道具 服饰整理、熨烫、修补 服装保险 服装损耗			
交通运输	服饰运输 人员接送 停车费及其他			
演　出	策划费 导演、导秀 模特 化妆发型 穿衣助理 设计制作费 后台管理			

（续　表）

项　　目		预算(元)	实际开支(元)	差额(元)
广告宣传	宣传资料 邀请函 节目单 媒体广告 新闻			
会　务	主持人 嘉宾 礼品 礼仪 食宿餐饮			
其　他	员工奖励 其他			

思考题：

1. 试论述预算对服装表演的重要意义。

2. 试论述预算控制对服装表演的重要意义。

3. 假设一场服装表演的预算较少，需要组织者尽量节约成本。如果你恰好是组织者，你会从哪些方面着手控制服装表演的成本，为什么？

第九章 ‖ 特殊形式的服装表演组织

现实生活中,除了各种各样以服装展示为最终目的的服装表演外,还有一些特殊形式的服装表演存在——服装成为展示载体而非展示的最终目的。观众的注目点不再是服装,而是展示服装的表演者——模特;或者通过对服装色彩、款式、结构、时尚度、艺术创意等的欣赏,对不同服装作品的设计者综合评价,选择自己认可的服装设计师。前一种形式的服装表演通常称其为模特选拔大赛;而后一种形式的服装表演通常称其为服装设计大赛。

作为特殊形式的服装表演,无论是模特选拔大赛,还是服装设计大赛,其基础组织工作与一般的服装表演并无区别。但鉴于其展示目的的根本差别,在具体的组织工作细节中,两者又存在着区别于普通服装表演的鲜明特点。

第一节 服装设计大赛的组织

一、服装设计大赛的特点

服装设计大赛最后呈现给观众的表演,与普通的服装表演几乎一致。但是,由于其展示目的不同,所要达到的效果或追求的评价也截然不同,对具体组织工作的要求也截然不同。归纳服装设计大赛的特点,主要表现在以下四个方面。

1. 工作时间长,各阶段工作重点不同

举办一次服装设计大赛,从主题确立对外征稿开始,一直到最后大赛评出奖项落下帷幕,是一个漫长的过程,需要半年甚至更长的工作时间。

另一方面,在如此耗费时间和精力的一项活动中,各阶段都会有不同的工作重点,如果不能很好地衔接,大赛甚至会面临无法举办的尴尬结局。所以,工作人员要慎重地对待各阶段的组织工作,要把时间和更多的精力花费在大赛宣传、设计稿征稿和入围选手的服装制作落实上。简单地说,如果没有参赛者参与,就没有选择的基础;如果没有优秀作品涌现,无论最后评审阶段的组织工作如何,大赛质量将受到影响甚至不能成功实现预期目标。

2. 参赛服装来源广泛,个性突出

服装表演的服装来源一般来自于企业、品牌、独立设计师作品或者商店,服装的组织工作相对简单。但是,对于服装设计大赛的组织者来说,在大赛的初始阶段,工作人员并不知道服装来自何方,只有评审委员会在对参赛者的设计稿进行评选以后,才能大致确定服装的来源,即使如此也还会存在变数。服装设计大赛的设计入围者们可能来自于不同的国家、地区和行业,身份各不相同,大赛的规格越高,服装的来源就越广,这对服装的收取、运输、整理、保管等组织工作提出了更高的要求。

由于服装设计大赛的本质是通过服装设计的创意和服装制作的技术突破,寻求专业设计人才,所以不难想象,即使服装设计大赛的策划者已经对参赛主题,甚至参赛服装的类型、风格以及面料等有了一定的要求,最后出现在工作人员面前的服装,还是会充满个性,并且配饰齐全、种类各异,这对演出中服装的试穿和正式亮相,都提出了挑战。

3. 接待任务繁重

在服装设计大赛的人员接待方面,工作人员的接待对象额外增加了两类人员:评审专家和入围的设计师,其中评审分为设计稿的初审和服装的最终评审,因此参加评审的专家也会有所不同。一般服装设计大赛的入围选手不会少于 20 人,如果有联名设计师,需要接待的选手人数就会更多。

在对评审专家和入围设计师的接待工作中,接待的目的、要求也有所差别。尤其是对评审专家的接待,除了要做好常规的食、宿、交通、翻译配备等具体工作外,来自高校、行业、企业、媒体等不同领域的专家会有不同的工作方式和要求,而国内评委和国际评委的习惯也存在差异,在不区别对待的工作原则下,要求组织人员把握好接待的内涵和适当差别。

4. 竞赛的特点

与一般的服装表演不同,服装设计大赛是对参赛选手在服装设计、服装制作等专业技能方面的一次综合评比,因此,作为组织者和工作人员,要牢记这是一场竞赛,表现在工作中,应当尽可能做到公平、公正。

事实上,任何一个服装设计大赛都无法做到绝对公正。人们对服装的评比是一个相对主观的过程,没有绝对的统一标准,要赢得一次服装设计大赛的胜利,除了实力,还要有运气。

组织者和工作人员所能做到的公正、公平,是指在组织工作中,尽可能为所有的选手创造相同的竞赛条件。比如,在设计稿的评审过程中,应该设法隐藏所有参赛者的个人资料,避免评审在评价画稿时,由于预先知道参赛者的个人情况而带有主观意见;又如在服装的动态展示过程,恰如其分的编排设计、优秀模特对参赛作品的演绎,将直接影响到观众和评审对作品的评价,因此,在安排模特和演出编排设计时,要尽可能照顾到所有选手。

二、服装设计大赛的一些重要组织工作

1. 赛事宣传和组稿工作的组织

除了媒体的宣传以外,组织者不仅要重视对服装企业年轻设计师的组织宣传,更要面对我国此类比赛的特点重视对服装院校的推广宣传。近年来在校学生已经成为服装设计大赛的参赛主体,是参赛“量”的保证。因此,服装大赛的赛事宣传工作中,可以选择最有可能参赛的服装院校进行重点推广,如有条件,甚至可以进入院校进行现场造势。在具体操作中,还可以利用服装设计师协会、服装行业协会与学校、企业与学校,政府与学校的良好关系,在某些院校内,赢得学校领导或专业教师的重视,最终确定一名具体联络人,负责大赛在该校区的宣传和组稿工作。

2. 参赛稿收取、整理工作的组织

（1）截稿时间

组织者对于截稿时间要有充分地预估，可以根据不同情况进行针对性的处理。

首先，在对外设定截稿时间时，应该留有一定的时间余地，以方便后续工作的开展。

其次，截稿时间一般按照邮戳时间为准。不同地区，参赛者利用邮政业务寄送参赛稿所需的时间不同，不发达地区有时需要一周甚至更长的时间。目前更多的参赛者采用快递的方式，时间短，对于参赛稿的保护也较好，采用这种方式一般以快递公司接受业务的时间作为评判是否逾期投稿的标准。当然，对于一些非常重视比赛的单位，由于其稿件量大，选送单位一般会对参赛稿作整理和归档工作，因此，如对截稿时间有要求，可以给予一定的时间宽限。

（2）专人负责

参赛稿的收取和整理必须要有专人负责，尽量避免多人操作。当稿件遗失时，没有人愿意承担责任，这是多人操作最易出现的问题。即使参赛者并不知情自己的参赛作品是否参加了评审，但作为组织者来说，尊重参赛者的创作是最起码的职业道德。

专人负责的另一个好处是可以随时正确地答复各类咨询。一般情况下，服装设计比赛对外宣传时，会公布组稿负责人及其联络电话，如果有意向参赛者拨打咨询电话时，得不到确定的答复或者得到错误的信息，其对大赛的信任度就会降低。

在运作过程中，负责该项工作的工作人员还可以通过与主要参赛单位的联络，全面掌握大赛的动态，对最后可能的参赛稿件数量也会有一个较为准确的数量估算，这对服装设计大赛的后续工作有着积极影响。尤其是新成立的服装设计大赛，社会知名度不够，权威性没有确立，组稿工作会有较大的风险，大赛组委会可以通过上述途径，及时了解参赛情况，应对突发问题，并及时采取相应对策，如延长征稿时间、缩小或者扩大比赛规模，甚至取消比赛等等。

（3）收取稿件的同时完成稿件整理

在收稿过程中，当稿件到达一定量后，就要及时整理。工作人员可以设定具体的数量作为阶段工作开展的标志，如50份、100份等等。及时整理有利于工作的细致开展，及时发现征稿中存在的问题，及时解决。具体来说，关于设计稿的整理工作主要包括以下几项方面：

① 分类。综合性服装设计大赛设有多个类别的比赛内容，如女装设计、男装设计、童装设计、休闲装设计等。所以，对于综合性的服装设计大赛，第一项重要工作是对稿件进行分类。单项设置的服装设计大赛则不存在分类问题。

② 审核。在对稿件分类时，同时需要剔出不符合评审要求的稿件，记录在案，并与设计者取得联系。由于服装设计大赛的征稿工作繁琐，对于不符合评审要求的作品，组委会一般不予退稿，联系作者只是出于礼貌通知对方，如对方愿意弥补，则会达到更好的效果。

③ 编号、登记和文件检查。在整理过程中，工作人员一方面要设计表格（如表所示）对征稿作品进行编号、登记，另一方面要检查作者是否按规定递交了文件，如正确的报名表或者身份证明。如果征稿作品在初次评审后入围，上述文件中的信息会给工作带来便捷。值得重视的是，在为征稿作品编号时，工作人员要有意识地将来自相同单位的作品、特别优秀的征稿作品打散编号，尽可能为选手创造一个更为公正的竞赛环境。

④ 存档。一般情况下，工作人员应该为所有的征稿作品拍摄照片，并按照编号对电子材料整理归档。由于扫描技术更有利于保持设计稿的原貌，所以，如有条件，可以对所有征稿作品进行扫描存档。这项工作无论对大赛的资料保存，还是对具体工作的开展，都有积极的意

义。举例说明,个别粗心的设计师会忘记为自己的设计稿进行存档,当工作人员通知其入围时,可以同时为其提供设计稿件的电子版本;同样,当工作人员不能完全理解服装作品,无法完成试衣工作,设计师又不在试衣现场时,设计稿件的电子版本也会为工作带来便捷。

⑤ 隐藏名字。稿件整理的最后一项工作是隐藏设计稿件上所有能暴露参赛选手个人资料的文字。服装设计大赛的常规做法是要求参赛选手在设计稿件背面的右下角和报名表上留下个人材料。参赛选手或者充满艺术家气息,或者因为粗心等种种原因而常常违反规定。工作人员必须按照设计稿评审的具体要求,反复检查,避免泄露参赛者选手的个人资料。

3. 服装实样收取工作的组织

(1) 保持与入围选手的联络,做好各项通知工作

不同的服装设计大赛对于设计稿入围以后,服装如何制作的问题,有着不同的规定。目前国内各类服装设计大赛中较有知名度的"中华杯"、"巧帛杯"、"虎门杯"等服装设计大赛,均要求选手独立或个人寻求企业赞助完成服装实样。一些服装设计大赛则提供面料赞助,如最近几年新出现的"海宁"杯。还有一些由企业命名的服装设计大赛,如波司登公司组织的羽绒服设计大赛,统一由企业根据入围设计稿制作服装实样。

对于要求选手独立或个人寻求企业赞助完成服装实样的服装设计大赛,组织者在媒体统一公布入围名单后,应书面发函给选手通知其入围,同时对选手的服装制作问题提出具体要求,同时要明确指定一名工作人员负责与选手的联络工作,直到服装设计大赛结束为止。

就服装制作方面,主要的联络、通知工作应包括:

① 确认选手是否愿意制作服装。参赛选手如果愿意制作服装,则应与组委会签署承诺书;如弃权,组委会应该及时通知候补的入围选手。

② 让入围选手明确服装制作的套数要求。

③ 对入围选手强调服装制作的尺寸要求。

④ 对入围选手强调服装制作的完成时间,尤其要说明服装最后送抵组委会的最后期限。

⑤ 提醒入围选手必须按照设计稿完成服装制作,如有改动,必须取得组委会的同意。

⑥ 及时做好入围选手的个人资料确认,尤其是参赛作品的最后署名问题,署名增加或减少,应该按照参赛章程办理,或听取组委会的最后决定意见。

⑦ 告知入围选手明确的组委会对参赛服装的编号方法。

(2) 服装收取的主要工作

组织者对于服装的收取工作应作详细的计划,尽量做到既方便选手,又保证大赛的有序进行。服装收取一般应该做好下列阶段工作。

第一阶段:要求选手通过电子媒介提供一组模特身着服装实样的照片,对照片像素提出具体要求,用于大赛宣传资料的制作或者照片评审。如果演出有需要,也可以要求选手通过电子媒介提供个人选择的演出音乐电子版本。

第二阶段:要求选手通过邮寄或者快递的方式在最后期限前将主要的服饰送至组委会。并且服装应按照组委会的要求做好编号。

第三阶段:对于与服装搭配的各类服饰配件也必须编号,并要求选手到大赛举办地点报到时随身携带,报到后要求选手配合模特进行试衣工作,试衣结束后服饰配件不再带走。

(3) 服装整理的特殊要求

服装设计大赛中的服装整理工作与普通的服装表演并无太大区别。鉴于前文提到的服装

设计大赛服装来源广、个性突出的特点,组织者应该在具体工作中注意下列几个特殊点:

① 要求选手对自己的参赛服装按照组委会的要求统一编号。

② 检查服装实样是否与设计稿一致。

③ 对所有送抵的服装应当抽样或者全部作尺寸检查,尤其要检查服装的一些关键尺寸,如腰围、胸围、臀围等。其中,对于一些特殊的服装,如泳装、内衣等,最好事先利用人台试穿。对于不符合尺寸要求和演出要求的服装,应预先通知选手修改。

④ 在制作服装吊牌时,除了常规的要求外,必须同时准备一份正确的设计稿打印件,以备模特、穿衣助理等相关工作人员参考。

4. 接待工作的组织

(1)接待工作包括参赛选手的接待和评审专家的接待

与一般服装表演的接待工作有所不同,服装设计大赛的接待工作周期较长,需要接待的人员较多,并涉及大量的食、宿、交通、翻译等问题。尤其是对评审专家的接待,还需要考虑接待的规格、礼仪以及可能存在的文化差异。

(2)配备专用交通工具

一般配备一辆中型或者大型巴士作为接待参赛选手的专用工具,可以用于接送以及日常的集体活动所需。评审专家视具体情况配备一定数量的小型车辆。一般情况下,应避免在工作中出现参赛选手和评审专家同车的情况。

(3)成立专门的接待工作组

接待工作组要预先做好预案,并将相关的文件邮寄或者电邮给参赛选手和评审专家,并进行确认,具体包括:

① 费用的具体操作方法。包括选手交通食宿发生费用中的自理部分以及大赛能够提供的费用部分,告知选手申请费用报销时所需准备何种有效票据以及报销负责人的名字与联络方法。注意此项内容对评审专家不一定适用。

② 确认选手和评审专家的住宿宾馆。如果选手和评审专家申请入住组委会提供的宾馆,则应事先告知他们住宿的房间号,以免出现临时混乱。接待人员可事先将客人的住宿名单及身份号码告知宾馆方,以便选手或者评审专家到达时自己处理住宿问题。

③ 票务工作。接待工作组应全面负责评审专家往返程票务工作,避免发生让评审专家自己解决票务,然后为其报销费用的尴尬而烦琐的情况。对于参赛选手,应确认选手到达的日期、车次或者航班,做好接车或接机安排。一般情况下,接待工作组应事先了解选手的回程情况,并提供回程机票、火车票的预定工作。

④ 翻译。如果有外籍选手和评审专家,则应安排翻译人员随同接待工作人员一同前往接机或者接车。并在整个赛事过程中翻译人员全程陪同。

⑤ 赛事活动详细安排表。为选手和评审专家提供活动期间一切与大赛有关的安排表,包括时间、地点、活动内容、交通餐饮安排以及相关的为其服务的翻译和工作人员。安排表最迟在选手、评审专家到达入住时给出。如有变动,可由工作人员另行通知。同时可酌情为其提供住宿宾馆、赛馆周边的交通地图,以及赛事举办地美食、文化或者旅游胜地的情况介绍,方便其安排个人活动。

5. 评审工作的组织

服装设计大赛的评审工作包括设计稿的评审和服装实样的评审两部分工作。这两部分的评审专家可能不同,要针对不同的情况做好具体组织工作。

（1）统一评审要求

事实上,由于服装设计大赛举办目的、意义各不相同,大赛对设计稿及服装实样的评审要求也不尽相同。举例来说,国内知名的服装设计大赛中,"巧帛杯"重视设计者的创意和艺术构想,对服装实用性的要求不高;"中华杯"初期注重作品的舞台效果,后来逐渐转变,目前愈发重视作品的时尚感和服用性,对服装的制作工艺有较高要求;作为企业主办的服装设计大赛,"真维斯杯"不可避免地强调成衣概念和休闲装概念,要求获奖作品在商业推广方面具有一定的市场价值;"海宁杯"服装设计大赛则理所当然地为浙江省海宁市的区域经济服务,是该地区龙头产品——经编面料市场推广的一种手段,因此,设计作品对经编面料的创意运用,无疑是评审工作的一个重要依据。

故此,在服装设计大赛的具体评审过程中,从赛事主办方、组织者一直到具体的工作人员,都必须明确大赛的最终目的,对大赛所要求的设计作品有基本一致的构想,才能统一评审要求。

（2）与评审主席的沟通

具体评审工作中,组织者要充分信任并依靠评审主席。前文中业已提到,由于种种原因,评审专家之间肯定存在意见分歧,某些分歧只能依靠评审主席协调。组织者可以预先与评审主席进行沟通,对具体的评审要求和细节工作达成共识。如有条件,甚至可以邀请评审主席参与早期的赛事策划。

当设计稿的评审和服装作品的评审为不同专家时,在评审过程中,往往会产生一些微妙的、主观性的评审差异,这是无法规避。为了避免这种状况的发生,建议组织者邀请同一位专家担任评审主席,有利于前后两次评审工作的衔接过渡。

（3）安排评审专用的工作区域

组织工作要重视对评审专用工作场所的保证。由于在评审过程中,除了评审打分之外,专家免不了要进行讨论或者出现分歧,所以,在该区域设置时,应当注意其隐蔽性。

（4）及时满足评审的特别要求

组织评审工作时,一定要做好与评审主席的沟通工作,对评审中可能出现的一些原则性问题进行协商,统一立场。如在设计稿的评审过程中,最常见的现象是专家对某些设计稿的入围有截然不同的反映,当讨论处于僵持状态时,某些专家可能会要求公布这几份设计稿的设计师资料,方便选择或者平衡。对于这样的特别要求,组织者事先要和评审主席一起做好预案:是否可以公开设计师资料,如果可以公开,材料以何种方式公开比较恰当,避免临时混乱或者有欠公正;如果设计师的资料不能予以公开,则要事先设计较为合理的、礼貌的理由,避免尴尬。

对于评审过程中专家的一些非原则的要求,一般情况下,要做到及时满足。如在服装实样的评审过程中,评审提出服装实样与设计稿存在差异,要求工作人员提供设计稿进行比照等等。

专家评审服装实样时,组织者应该为其提供一次近距离观察作品的机会。工作人员可以预先要求参赛设计师选择代表作品,根据演出编号,依次将服装吊挂在龙门架上送入评审工作区域,由专家近距离评审。即便如此,当演出结束后,专家根据演出中服装的最终舞台效果及现场观众反映,决定某些作品的得奖名次或者得奖与否时,可能还会再次提出对某些服装实样的面料和做工进行比较,这就需要组织者及时安排处理。

（5）评审数据的处理与保密

实际上，服装设计大赛中极少出现评审专家用百分制或五分制为作品打分的情况。专家一般都会采用投票的方式进行评审，最后根据得票的多寡决定作品入围或得奖的名次，对有争议的作品则进行集体讨论，然后加以表决，决定取舍。所以，当评审专家数为奇数时，组织者就会规避某些争议的出现。

参加评审的工作人员不必紧张需要处理大量的数据。如果有机会参加服装设计大赛的评审工作，就会看到各种有趣的现象。比如，某些比赛专家在评审设计稿时，手里会有一堆花花绿绿的粘纸，喜欢某设计稿就在设计稿上贴红色标签，对某设计稿保留意见就贴绿色标签，绝对不能容忍某设计稿入围就贴黄色标签。所以，工作人员主要是为评审的投票情况进行统计，如实纪录，并对评审的要求提供及时服务。当然，对评审结果保密，对评审过程不随便发表意见是首要原则。

（6）异议答复

服装设计大赛中，组织者宜事先指定具体某位工作人员答复对评审的异议。异议可能来自观众、媒体或者参赛选手。在大赛结果公布前后，组织者特别要注意对所有参与评审的专家的保护工作，避免外界对其进行骚扰。

此项工作不包括由大赛组委会安排的媒体采访。

第二节　模特选拔大赛的组织

一、模特选拔大赛的特点

从普通观众的视角来看，一场表演，无论是普通的服装表演、服装设计大赛还是模特选拔大赛，在舞台上展示的动态效果几乎相同：美丽的服装、漂亮的面孔、时尚的化妆，完全是一种视觉的享受。但是，所谓外行看热闹，内行看门道，对于参加评审的专家、业内人士或者媒体来说，三者却是截然不同的。

作为竞赛，模特选拔大赛和服装设计大赛有很多类似的特点，比如，时间长、接待任务繁重，都需要维护竞赛的公平和公正性等。除此之外，模特选拔大赛还有一些与服装表演、服装设计大赛明显区别的特点。

1. 展示主体的转变——模特是主体

一般的服装表演和服装设计大赛必须以"服装"为中心，模特是载体，他们的工作是展示、表演服装。而在模特选拔大赛中，服装则成为模特的陪衬，模特才是主体，服装是模特突出个人身材优势、掩盖身材缺点，展示自我表演才华的道具。概括地说，服装表演和服装设计大赛是为服装作品服务的，而模特大赛则是为模特服务的。

2. 社会公众效应性

从职业的角度来说，模特本身就是一种特殊的传媒。通过模特这一载体，人们可以将服装、美、艺术、创意、文化、商业等很多内容连接。因此，模特选拔大赛的胜出者，必须首先得到媒体的认可。不仅如此，一般在模特选拔大赛中，都会涉及公益、商业等推广活动，将参赛选手作为公众人物向各界推广。而在奖项的设置上,几乎都设立"最上镜模特"的奖项。即使服装表演和服装设计大赛同样注重与媒体及公众的友好合作,但其与模特选拔大赛对媒体及公众的重视还是存在本质区别。由于模特的工作最终都需直面公众,所以,一场不注重公众效应的模特大赛,仅仅只是一场竞赛,完全没有价值。

3. 活动系列性

普通服装表演需要面对观众的只有演出这一项大型活动。即便是服装设计大赛,多了设计稿的征稿和评选环节,但真正和观众见面的也只有最后的评审演出。对于上述两项演出而言,组织工作中比较繁重的是准备工作以及各种各样的协调会议。

模特选拔大赛则需要更多地面对公众。举办一次模特大赛等同于举办一个系列活动。参赛选手的每次集体亮相,都会产生轰动效应,无论是公益活动、旅游观光、与媒体的见面或是外景拍摄,都极易造成群众围观。因此,模特选拔大赛的组织者对所有的外出推广活动都负有责任,从联络、交通、餐饮、活动内容和路线设计、媒体宣传一直到团队的整体造型,必须一一落实,不能有偏差。系列推广活动连续密集地进行,一般要求在一周,甚至更短的时间内完成,这对大赛的组织工作来说,无疑是一种巨大的挑战。

二、模特选拔大赛的一些重要组织工作

1. 报名工作的组织

(1)正视工作困难

某些工作人员可能会认为,由于模特行业是一份美的事业,受万众瞩目,所以组织一次模特选拔大赛,应该有成千上万的选手报名。如果工作人员都抱有这种幻想,那么大赛肯定无法招募到一定数量、质量的选手参赛。事实上,模特选拔大赛的选手报名工作远远超过一般人的想象,极为困难。

造成这种事实原因主要有以下两点:

① 因为模特选拔大赛对参赛选手的起点要求高。要成为模特,身高是最起码要求,除此还有年龄、容貌、肤质、身体比例、气质等各方面的综合要求,每一项要求都为报名选手设置了障碍。毫不夸张地说,在一个年龄段内,全国范围内真正能成为模特的人属凤毛麟角。

② 模特选拔大赛赛事之多让人难以想象。业内人士曾用这样一句话来形容中国的模特大赛:"一年365天,130多个模特大赛,平均3天出1个冠军。"最近10年中,模特选拔大赛席卷了由全国到地方的各个角落,揽括了从T台模特到平面模特、车模、手模、房模、儿童模特等各个领域。模特选拔大赛赛事过于频繁直接造成了参赛选手资源紧缺。为了争取优秀选手参赛,各大赛之间竞争激烈。

基于上述现状,在模特选拔大赛选手报名工作中,组织者必须正视现状,充分估计困难,才能有效地展开工作。

(2)多手段地展开报名工作

模特选拔大赛选手报名工作,应从以下几方面着手:

① 适当放宽报名条件。在主办方允许的条件下,可对选手的报名条件适当放宽。报名条件每少一份限制,比如身高标准降低2cm,意味着给予更多人报名参赛的机会。

② 个人报名和团体推荐同时进行。个人报名只是模特大赛的一种宣传策略。事实上,一般模特大赛的选手报名工作都采用个人报名和团体推荐双管齐下的方式进行。在组织过程

中,甚至更多地将工作重心放在团体推荐的报名工作上。尤其是一些小型规模的模特选拔大赛,或者是初次举办的模特选拔大赛,本身知名度不足以获得大众青睐,对选手的报名工作更应该从团队推荐着手。组织者应将更多的工作时间花在与模特经纪公司、设置相关专业的中等职业技术学校、高等院校,以及负责模特短期培训的艺校等单位联系。

此外,如果组织者在服装业和模特业内有一定的人际关系资源,还可以邀请设计师和模特特别推荐参赛选手。由于中国各地模特行业管理的差异,各地模特的生存方式有很大区别,很多地区个体模特非常活跃。邀请设计师和模特特别推荐参赛选手,目的是争取获得更多的个体模特报名参赛。

③ 加强广告宣传。要赢得更多的模特报名参赛,需要一定的广告宣传手段,比如,低成本的网络、海报宣传,中等成本的目录宣传和专业杂志广告以及高成本的电视广告等。当然,不是所有的工作人员都有权限对广告宣传进行决策。如果组织者恰好被授予这方面的权力,那么,加强模特选拔大赛选手报名期间的广告宣传,是获得选手报名工作主动权的较好方式。广告宣传可以围绕赛事权威性、赛事专业性、赛事奖励等受大众瞩目的聚焦点展开。

(3) 报名工作的具体要求

在具体的选手参赛报名工作中,要对报名选手的基本情况做好登记、统计情况。其中,必须的工作细节包括:

① 参赛选手来源。登记并统计参赛选手来源,是对模特选拔大赛报名期间工作效果的检验。同时资料的积累,有利于下一次类似工作的开展。登记选手来源的另一个重要目的是方便选手的甄选平衡。

② 选手的平面形象。如果模特选拔大赛没有设计初赛环节,而是通过选手的报名资料直接甄选,那么,选手的平面形象资料将成为评审甄选入围选手的最重要材料。某些大赛中,入围选手的平面形象资料还将用于大赛的对外宣传。故此作为组织者一定要严格按照模特选拔大赛策划的报名要求,对选手平面形象资料严格把关,收取并存档整理。

③ 选手个人形体数据。在不设置初赛的情况下,选手提供的个人形体资料是评审甄选入围选手的另一个重要参考,即使数据在不同程度上被参赛选手"美化"。

④ 选手的联络方式和身份证明。当模特选拔大赛组织过程中某些与参赛选手有关的工作发生临时变更,组织者可以利用选手的联络方式,及时通知对方。要求选手提供身份证明,是为了避免模特选拔大赛中出现代赛的作弊行为。如果参赛选手得奖,财务人员也可以根据其身份证明,处理其奖金的税收问题。

⑤ 选手公约。对于"选手公约"可谓仁者见仁,智者见智。但既然存在,组织者就不能忽视其对组织工作的影响。

2. 形体测量工作的组织

诚如上文所述,由于选手在参赛报名时提供的个人形体数据不可避免地存在"美化",因此,模特选拔大赛一般都会对参赛选手重新进行形体测量,更新数据。

(1) 重要性

国际范围内,服装行业及模特行业自身对模特形体近乎畸形地苛刻要求使得模特的形体数据不可避免地成为模特选拔大赛中评审甄选入围、获奖选手的最重要依据。故此,在模特选拔大赛中,组织者要及时为评审提供选手的正确形体数据。

(2) 组织工作中的细节

模特形体数据对大赛结果有至关重要的影响。参赛选手因此也会高度重视个人形体数据的测量过程,关注结果。组织者在组织对选手的身体形态测量时,必须预先做好工作安排,要事先确定测量何种数据以及如何测量,并注意对数据保密,避免产生不必要的争议。

① 慎重决定参赛者形体测量数据的标准。模特形体数据较多。不同的模特选拔大赛对参赛选手要求不同,比如选拔 T 台模特和平面模特,两者对模特形体要求不一。组织者要预先把握数据测量的具体要求,不要主观臆断,轻易决定,通常根据模特选拔大赛策划方案中的评分标准来执行工作。如果在策划方案中没有涉及此项内容,则须向上级提出决策申请。

② 测量操作人员的培训。由于目前国内对模特形体测量的方法存在一定争议,因此,有必要对参加参赛选手形体测量工作的人员进行事先培训。如果有条件,组织者应当挑选有相关工作经验的工作人员承担此项工作。

③ 测量过程、测试结果不受人为因素干扰。在模特选拔大赛中,存在很多干扰大赛组织工作的因素,比如说某些模特经纪公司的参赛领队,某些与参赛选手有私人关系的工作人员等。熟悉模特选拔大赛的人员都清楚,大赛中参赛选手的形体测量过程,其实是一个没有标注竞赛的竞赛环节;同时形体测试过程中,女选手一般都身着分体式泳衣参加测量。因此,此项工作应选择一个相对封闭的工作场所进行,并严格限制无关人员的进出,保证测试过程和测试结果不受干扰。

④ 测量所得数据为内部数据,不公开,要求保密。所有参加形体测试工作的人员要达成共识,参赛选手的形体数据仅为评审甄选选手所用,为大赛的内部数据,不对外公开。形体数据尤其不能对媒体或与参赛选手有利害关系的人员公开,避免其泄露数据造成各种不利于大赛组织工作的舆论乃至纠纷。所有工作人员都必须承担数据保密的义务。

⑤ 多赛区之间的标准统一。如果模特选拔大赛分多赛区进行,要对所有赛区的参赛选手形体测量工作应统一标准。为避免具体工作中由于沟通或者操作产生标准不一的现象,出于公平起见,一般在大赛的决赛阶段,需要重新对决赛参赛选手进行形体测量。

3. 大赛服装的组织工作

虽然模特选拔大赛与普通的服装表演一样,同样需要准备大量用于表演的服装,但在具体服装选择时,模特选拔大赛有特定的工作要求。

(1)事先选择、提前确认大赛用服装

模特选拔大赛对单款服装的要求并不苛刻,服装优雅、时尚即可。工作人员在具体挑选服装时,应选择同类型服装作为指定参赛服装。这与普通服装表演中的服装选择完全不同。在一场服装表演中,观众最忌讳看到同类型服装。而模特选拔大赛之所以选择同类型服装,目的是为了保证大赛的相对公平。个性突出的服装会抢夺模特的光彩,使观众和专家转移视线,对服装产生浓厚兴趣,忽略模特的表演和个人魅力,甚至会带来负面效应——对服装的肯定导致对模特的间接肯定,对服装的否定导致对模特的间接否定。服装差异过大也会影响参赛选手的比赛情绪和比赛效果。这显然背离了模特选拔大赛为模特服务的初衷。

一般模特选拔大赛的服装由企业赞助。如果组织者担负与服装企业商谈赞助的任务,应尽早准备,尽早确认。

(2)认可选手自带比赛服装之间的差异

如果模特选拔大赛在某个环节比赛中,要求选手穿着自带的服装参加比赛,工作人员应认可这些服装之间存在的差异。即使某些参赛选手所带的服装不符合比赛规定,也不应发表意见或者提示。因为参赛选手对服装风格的理解、对服饰的搭配能力,可能是评审对参赛选手综合评价的一个重要因素。

（3）慎重处理服装分配过程中产生的问题

对参赛选手分配比赛用服装时,由于参赛选手胖瘦不匀,因此,工作人员一定要备足服装（包括数量和尺寸）,避免重复工作。此过程中,难免会有选手对派给的服装表示不满,原则上工作人员应不予理会。在大赛排练、彩排过程中,如有选手服装意外损坏不能及时修复,经有关人员同意后,工作人员方可为其调换服装,避免其他选手因不明情况,怀疑工作人员对其特殊照顾。应急情况除外。

（4）设计、制作用于大赛推广活动的服装

规模较大的模特选拔大赛通常策划推广活动。负责这类大赛服装组织工作的工作人员,应根据赛事的策划要求,设计制作一定数量的、一件或者多件用于大赛推广活动的服装,一般以 T 恤为宜,可根据比赛季节作相应调整。由于设计、制作服装需要较长时间,所以此项工作的组织者要尽早与服装选拔大赛的赛事策划沟通,提前安排。

4. 选手管理工作的组织

模特选拔大赛对参加决赛选手通常采用集中管理的模式。

大型的模特选拔大赛对负责管理的工作人员有特殊要求,通常组织团队展开管理工作。在此团队中,应该包括下列成员:

（1）选手领队

全面负责参赛模特的管理工作。

（2）日常管理

主要负责日常事务的通知安排。包括决赛阶段选手的日程安排、工作安排、交通餐饮、新闻稿以及与相关部门的联系、落实工作。

（3）业务管理

主要负责对参赛选手的业务指导。

（4）随队摄影/摄像

主要负责记录参赛选手日常生活,为决赛现场提供拍摄花絮。

（5）服装、化妆与发型

属机动人员。日常活动中通常要求参赛选手自己完成服装造型、化妆造型和发型。在一些重要的推广活动中,则由上述工作人员完成参赛选手的整体造型。

5. 接待工作的组织

模特选拔大赛的接待工作与服装设计大赛基本类似,此处不再重复,具体参看服装设计大赛接待工作组织的相关内容。

6. 评审工作的组织

模特选拔大赛的评审工作一般包括初赛评审和决赛评审两部分。如果模特选拔大赛分多赛区进行,那么牵涉的专家更多,组织者要针对不同的情况做好组织工作。

（1）评审要求取决于主办方

模特选拔大赛举办目的、意义各不相同,其选拔模特的标准也各不相同,其评审要求最终取决于主办方。以下列知名模特选拔赛事为例阐述各赛事的不同宗旨与选拔结果:

① 世界精英模特大赛。国际知名模特选拔大赛"世界精英模特大赛"作为全球最有影响

力的顶级模特赛事之一,至今已经举办了23年,先后发掘了辛迪·克劳馥、克劳蒂亚·希弗、纳奥米·坎贝尔等模特界的超级巨星,其举办模特选拔大赛的目的是选拔优秀的模特人才。该类型的大赛更注重参赛模特的潜质,更关注其有否称为国际顶级模特的培养前途。近年来此项赛事评选出的前三甲均为年龄在14~16周岁的低龄模特。

②CCTV模特大赛。CCTV模特大赛是以媒体为主办单位的中国国家级别的模特大赛,其最大特点是在保留大赛专业性的基础上,对模特选拔大赛进行了一系列电视化改革。CCTV模特大赛的影响力和覆盖面为参加大赛的选手提供了优质的媒体平台,大赛引入的企业形象代言人、影视剧演员、平面广告模特签约等系列活动都暗示了大赛的评审和选材标准。

③职业模特大赛。由中国服装设计师协会和全国纺织教育学会联合主办,中国服装设计协会职业模特委员会承办的中国职业时装模特选拔大赛,目的是为了推动模特职业化、规范化发展,提高模特教育水平。中国职业时装模特选拔大赛的获胜者被推介到各服装行业协会成员单位签约,并在中国服装协会和中国服装设计师协会举办、参与的各类活动中被予以推广。此类大赛选拔的人才是模特职业本义的最佳演绎。

④商业性模特大赛。更多的模特选拔大赛实际上是一种体现商业价值的比赛,比如中国内衣模特大赛、各种车模大赛等。此类大赛注重的是通过举办模特大赛所带来的巨大的商业价值。大赛的目的在于主办者对行业、企业、商品的宣传以及通过大赛获得的招商,这类赛事的评审决定权不在评委专家,而在主办者或者赞助商。

上述实例表明,在模特选拔大赛的具体评审过程中,评审要求最终取决于主办者。所以模特选拔大赛的组织者和具体工作人员必须明确赛事主办方举办大赛的目的,严格按照大赛策划目的决策评审要求,千万不可"表错情"。

(2)其他工作组织

模特选拔大赛评审工作的其他具体工作,诸如与评委、评委主席的工作配合、安排专用工作区域、保密工作以及异议答复工作等组织,均与服装设计大赛相似。具体请参看服装设计大赛的评审工作组织。

思考题:

1. 你认为服装设计大赛组织的难点是什么? 为什么?
2. 你认为模特选拔大赛组织的难点是什么? 为什么?

附 录

模特经纪公司与职业模特签署的录用合同范本(参考)

_____模特经纪有限公司和中国公民_____小姐/先生:

根据中华人民共和国有关法律、法规,本着平等互利的精神,通过友好协商,就_____模特经纪有限公司为_____小姐/先生提供模特经纪服务订立本合同。

1 立约人

1.1 _____模特经纪有限公司(以下简称甲方),在中国_____地登记注册,其法定登记地在中国_____,商业登记号码为_____,法定代表姓名_____,职务_____,国籍_____。

1.2 中国公民_____(以下简称乙方),身份证号码_____,通信地址_____,住宅电话_____,手提电话_____。

2 甲、乙双方就甲方为乙方提供参与模特演艺业务有关的经纪服务进行合作。

2.1 甲方在本合同有效期内为乙方从事模特演艺事业的独家及唯一经纪人。

2.2 乙方在本合同有效期内为甲方独家提供模特演艺服务。

2.3 本条演艺业务的内容包括:符合中华人民共和国法律、法规规定的并为之允许的录影、广告、舞台、剪彩、登台演出、模特、电台访问或录音,亲自出席宣传推广工作及有关演艺事业需要的活动。

3 在合同有效期及顺延期,甲方为乙方提供经纪人服务,甲方负责安排乙方演出及有关工作事宜,乙方向甲方提供演艺服务,乙方遵守甲方的工作安排和合理的工作要求。

3.1 经乙方同意,甲方拥有安排、接洽签署一切与乙方有关的演出工作事宜的权利,甲方签订的与乙方演艺工作有关的合约和细则,在守法、合法并事先知会乙方的前提下,乙方应全心全意贯彻执行上述委派的工作。

3.2 乙方承诺并保证自签订本合同之日起,无论是否收取报酬,不直接或间接与任何第三者承诺并签订,参与任何与本合同有抵触或损害甲方利益的任何活动、文件或任何演艺事项。

3.3 不论有无报酬,在合约期内,未征得甲方书面同意,乙方不得与任何人及公司签订或口头同意参与、发展或允许乙方形象、照片、名字等任何其他与演出及宣传有关的工作,商品及其他事宜。

3.4 在合约有效期内,乙方同意甲方拥有一切有关名字、映像、照片、动画、形象及声音的专有使用权,乙方同意甲方拥有一切在世界各地履行本合约的任何演艺工作的产生或由此而产生的表演权、版权及其他知识产权,无论上述产权是否实际存在、产生或出现。

3.5 乙方同意为证明甲方拥有本合约内所列各项权益而签订的其他有关证明文件。

3.6　乙方自备各种有效旅行证件,甲方协助并负责办理乙方因工作需要而前往中国境内外的旅行事宜。

3.7　乙方遵照甲方要求加入有利于工作的非政治性团体,但上述团体应为符合国家有关法律规定的社会团体。

3.8　乙方有权拒绝违法和色情、暴力、身体暴露及其他有损乙方人格、名誉和损害乙方身心健康的表演、演出及其他工作。

4　甲、乙双方除担负本合同内的其他责任外,双方应各自负责完成以下各项事宜。

4.1　甲方

- 必须全力协助乙方在演艺事业上发展,辅助乙方在各媒体的宣传和推介。
- 负责乙方在中国境内、外工作期间的住宿及差旅补助,具体的补助标准及补助办法由甲、乙双方另行商定。
- 提供有利于乙方演艺事业的歌唱、舞蹈及形体健身等专业训练及其他各种训练,其费用由甲方支付,如乙方自行安排的训练由乙方自理。
- 向乙方提供国家规定的劳动保险、医疗保险、养老保险、住房公积金及其他应当享有的社会保险和社会福利。
- 向乙方提供因演艺事业需要的各种专项保险,其险种和保险费标准视工作情形,由甲、乙双方具体商定。
- 负责乙方在演出及工作期间的人身安全。
- 维护乙方的经济利益和名誉。
- 负责办理乙方委托的其他合理、合法的要求。

4.2　乙方

- 全力配合甲方安排的为演艺事业需要的宣传活动,尽量配合甲方所提供的专业形象设计建议(包括发型、服饰、化妆等合理建议),如有异议,乙方必须提出适当理由供甲方参考,甲方应考虑乙方的合理要求,但甲方拥有最终决定权。
- 了解及遵守甲方属下演员应有的行为标准,遵照甲方安排参加任何与乙方工作有关的制作会议,拍摄演出,幕后制作或程序,宣传活动等。
- 按照甲方安排,在指定时间,准时守约抵达甲方指定的片场,电视台、录音室等演艺工作场所,按约定完成工作事项。
- 向甲方提供乙方所在地的最新地址及通信联络电话号码,使甲方在合理时间内,不论日夜均能与乙方联络并发出通告。
- 遵守甲方与其他公司、私人或团体所订立的符合法律规定的演艺合约和协议。
- 若某项演艺工作于本合约有效期内签署,而本合约期满时又未能完成该工作,乙方应继续为甲方完成该项工作,但双方要另行商定合作条件,甲方应以经纪人的身份为乙方争取合理补偿。接受甲方认为有利于乙方演艺事业的如歌唱、舞蹈、形体、表演、化妆及有关的专业培训,其费用由甲方支付,但由乙方自行报读的课程其费用由乙方自理。
- 负责办理甲方交办的其他合理事项。

5　乙方承诺承担下列义务:

5.1　乙方有绝对法定权利、年龄及自由与甲方订立及履行本合同。

5.2　乙方必须保证此前没有与任何人、机构、公司签订任何与本合同相冲突、或影响甲方利益的合同,包括类似的任何安排或承诺(不论是否以书面记录或口头承诺)。乙方在签订本合同时,必须向甲方声明本合同生效前与第三者的任何承诺。

5.3　乙方获得任何与发展其演艺事业有关的机会或有第三者向其接洽等有关事宜,乙方需以第一时间知会甲方,不得擅自或容许任何人为乙方接洽任何有关乙方演艺事项的事宜。

5.4　未经甲方同意,乙方不得擅自更改或放弃任何甲方与第三者为乙方安排或接洽的演艺事项及其实施细则。

5.5　乙方应当经常保持身体健康,以应付演出事项的工作,不参加对身体或生命有危险或对人寿保险投保有影响的活动。

5.6　乙方不得擅自更改或放弃沿用的姓名或艺名。

5.7　乙方不做出任何影响甲方及其子、母公司声誉、形象、商誉的行为或言论。

5.8　乙方确认甲方为其独家经纪人公司,甲方拥有安排、洽谈乙方演艺事项的决策权。

6　甲、乙双方的利益分配

6.1　甲乙双方的可分配收益包括:

1. 电影、电视、录影、广告、舞台演唱、录音、剪彩、广播、灌录唱片、舞台表演、模特工作,电台访问或录音,亲自出席宣传推介,创作及其他台前幕后工作、映像、照片、动画、形象、声音等权益收益。

3. 在履行本合约时产生的或由此产生的知识产权收益。

4. 各项其他收益,但非合同约定范围产生的收益除外。

6.2　甲方对乙方在合约期内的演艺收入做出保证,保证乙方合约第一年全年薪酬(扣除佣金外)不低于人民币_____元,第二年全年薪酬(扣除佣金外)不低于人民币_____元,从第三年起,每年全年薪酬(扣除佣金外)不低于人民币_____元;甲方同意并保证乙方收取的全年薪酬为完税后的净收入。乙方每年演艺收入如果没有达到甲方承诺的薪酬金额,不足部分由甲方支付。以上有关演出收入在每年结束后的第一个月结算。

6.3　在合同期内,甲、乙双方按_____的比例分配6.1条所列各项收入,其中:

1. 上述收入的_____%作为甲方辅助乙方并致力推介乙方在演艺事业发展,及代乙方安排工作事项的甲方佣金。

2. 上述收入的_____%份额由乙方获取。

3. 上述收入的_____%用于乙方的服装、化妆、摄影及宣传广告费用,该笔款项由甲方负责,甲乙双方共同管理。

6.4　乙方收取的演艺收入超过甲方承诺的最低年薪酬,乙方应当依照各地政府税务规定,就超出年薪酬的演出收入自行缴纳由甲方根据本合同安排的演出收入的税费,乙方超出年薪酬部分因缴纳税费所引起的任何法律纠纷,乙方负全部责任。

6.5　乙方保证并承诺不得擅自或经第三者收取任何形式的演出收入。若有任何第三者向乙方给予任何形式的演艺收入,乙方承诺以第一时间通知甲方。

6.6　乙方应收取的对外演出及有关工作酬劳,甲方代乙方收取,并在每月首个工作日支付给乙方。

7　转让

7.1　经双方协商,甲方在征得乙方同意后,可转让、授权甲方在合同中的权利、责任和义务。

7.2　乙方无权转让乙方在本合同中的有关权利、责任和义务。

8　在下列情况下，甲、乙双方有权终止本合同

8.1　一方故意或疏忽而不尽职尽责，违背或损害另一方的利益或合理要求。

8.2　一方严重违反或不遵守本合同的约定条款。

8.3　一方不能履行本合同条款所列的有关事项。

8.4　一方因涉及本合同之外的法律纠纷而严重影响工作。

8.5　乙方未征得甲方同意而擅自离开工作岗位及工作地区。

9　违约

9.1　由于一方的过失，造成本合同不能履行或不能完成履行时，由过失一方承担违约责任，如属双方过失，由双方分担各自应负的违约责任。

9.2　过失方应当赔偿无过失方的一切直接或间接损失。

10　不可抗力

10.1　由于伤残、战争、天灾人祸及其他不能预见并且对其发生和后果不能防止或避免的不可抗力，致使直接影响合同的履行或者不能按约定的条件履行时，如遇上述不可抗力的一方，应立即知会对方，并应在15天内，提供不可抗力的详情及合同不能履行，或者部分不能履行或者需要延期履行的理由的有效证明文件，此项证明文件应由不可抗力发生地区的公证机关出具。按照对履行合同影响的程度，由双方协商解决是否解除合同，或者部分免除合同责任，或者延期履行合同。

11　本合同为唯一全部关于甲乙双方于本合同涉及的事宜的协议、承诺，在此之前有任何形式的合约或承诺关于同样或相近事宜，甲乙双方确认及同意本合同由即日取代任何以往的合约或承诺。

12　本合同自签订之日起生效，合同有效期为10周年。如甲乙双方愿意继续合作，经协商，可延长合作期限。

13　本合同的订立、解释、履行和争议的解决均受中华人民共和国法律管理。

14　本合同适用文字为中文，合同文本由中文书写。

15　本合同一式两份，由甲乙双方各执一份，自签订之日起即时生效，立约时间为____年____月____日。

甲方：_____　　　　乙方：_____

签字：_____　　　　签字：_____

年____月____日____　　　年____月____日____

参 考 文 献

［1］［美］朱迪斯·Ｃ·埃弗雷特/克瑞斯特·Ｋ·斯旺森.服装表演导航［M］.北京:中国纺织出版社,2003

［2］［美］琳达·A·巴赫.完全模特手册王菁,译.北京:中国轻工业出版社,2008

［3］［美］Jay and Ellen Diamond.时装广告与促销［M］.北京:中国纺织出版社,1998

［4］［美］特里弗·杨.做项目——项目经理做好工作的程序和方法［M］.北京:中国市场出版社,2008

［5］［美］罗宾森(Robinson·A)等.会议与活动策划专家［M］.北京:中国水利水电出版社,2004

［6］［美］劳伦斯·斯特恩(Lawrence Stern).舞台管理［M］.北京:北京大学出版社,2009

［7］唐新玲.时装展会:参展全攻略［M］.北京:中国纺织出版社,2006

［8］徐淳厚著.商业策划［M］.北京:经济管理出版社,2002

［9］向国敏著.现代会议策划与实务［M］.上海:上海社会科学院出版社,2003

［10］朱培立,王光辉.策划财富［M］.广东:广东经济出版社,2004

［11］文浩.新编现代广告策划［M］.北京:蓝天出版社,2003

［12］［英］罗伯特·赫勒.授权技巧［M］.上海:上海科学技术出版社,2000

［13］［英］罗伯特·赫勒.决策技巧［M］.上海:上海科学技术出版社,2000

［14］智库百科,http://www.mbali.com